广厦建筑结构通用分析与设计程序教程

(第二版)

谈一评 吴文勇 焦 柯 编著

中国建筑工业出版社

图书在版编目（CIP）数据

广厦建筑结构通用分析与设计程序教程/谈一评，吴文勇，焦柯编著.—2版.—北京：中国建筑工业出版社，2012.9
ISBN 978-7-112-14575-1

Ⅰ.①广… Ⅱ.①谈…②吴…③焦… Ⅲ.①建筑结构－计算机辅助设计－软件开发－程序设计－教材 Ⅳ.①TU311.41②TP311.52

中国版本图书馆 CIP 数据核字（2012）第 195032 号

本书按广厦程序2011年最新版本16.0版本及现行规范编写，采用规范通用符号、计算单位及基本术语。全书共分6章内容，包括：广厦建筑结构CAD概述，录入系统，楼板、次梁和砖混计算，通用分析程序GSSAP，结构施工图，基础计算与设计。此外还增加了综合练习，给读者加强训练。本书读者对象为大专院校土木工程专业的师生及土木领域的设计、施工及管理人员。

* * *

责任编辑　常　燕

广厦建筑结构通用分析与设计程序教程
（第二版）
谈一评　吴文勇　焦　柯　编著

*

中国建筑工业出版社出版、发行（北京西郊百万庄）
各地新华书店、建筑书店经销
广州佳达彩印有限公司制版
广州市一丰印刷有限公司印刷

*

开本：787×1092毫米　1/16　印张：13　字数：316千字
2012年9月第二版　　2012年9月第二次印刷
定价：**28.00**元
ISBN 978-7-112-14575-1
（22294）

版权所有　翻印必究
如有印装质量问题，可寄本社退换
（邮政编码　100037）

前　言

广厦程序是广东省建筑设计研究院与深圳市广厦软件有限公司联合开发的建筑结构设计程序。该程序以设计院为开发背景，符合设计人员的习惯，前处理的结构建模和后处理的施工图部分采用交互式数据输入，具有直观、易学、不易出错和修改方便的特点。

广厦程序具有很强的兼容性，在建立计算模型后可以接口国内现行通用的结构计算程序，如PKPM、TBSA等进行计算，便于不同程序计算结果的比较研究。该程序的施工图部分可配合广东省建筑设计研究院研发的《建筑结构施工图设计实用图集》，使设计者出图的工作量大大减少。从程序开发使用十年来，已被全国六千多家设计单位正式采用。

在多年的"计算机辅助设计"课程教学中，笔者发现学生们对结构建模和施工图部分，由于直观比较容易掌握，也有兴趣学习，而对于参数取值及计算结果分析两部分，由于涉及许多课程的理论知识，常感觉枯燥难懂。许多从事设计工作的技术人员，对这部分概念也似是而非，但这正是建筑结构设计工作最重要的内容，切不可忽视。为了引起大家的重视，更好地掌握其基本原理，在本书中花费了大量的笔墨对每个参数的概念、如何取值进行了详细的分析说明，总体参数的取值说明尽量避免繁褥的理论说明和公式引用，而是告诉读者如何取值，如何操作。学生虽然已经学完了所有的基础课，但应用所学的知识解决实际问题还不成熟，按建筑方案做结构方案还感到有些困难，加强这方面的训练是本书的一个特点。

由于规范的修订和程序的升级，本书在2008年第一版的基础上增加新规范的内容并进行修改。本书按广厦程序2011年最新版本16.0版本及现行规范编写，采用规范通用符号、计算单位及基本术语。本书并非单纯的阐述每一个命令的用法，而是引导读者在实践中学习程序，学习怎样使用各种命令完成一个目标，最后完成整个结构设计，书中配有完整的例题。

书目的编排顺序按照程序的操作流程顺序为主线。第1章广厦建筑结构CAD概述；第2章录入系统；第3章楼板、次梁和砖混计算；第4章通用分析程序GSSAP；第5章结构施工图；第6章基础计算与设计。在本书的最后附有几种典型结构体系的练习题，本书的读者对象为大专院校土木工程专业的师生及建筑领域的结构设计、施工及管理人员。在内容上考虑教学的系统性，浅显易懂，同时兼顾一定的理论深度，便于设计、施工技术人员作为资料查阅。在书每章后面配有练习题和思考题，便于教学使用，供读者参考借鉴。

广东省建筑设计研究院广厦所和深圳市广厦软件有限公司，提供了广厦软件和用户手册，在编著过程中给予了多方的帮助和支持：在编著过程中，作者参考了广厦用户手册的许多内容。

由于作者的水平有限加上时间紧迫，书中错漏之处在所难免，敬请批评指正。

谈一评
2012年6月

目 录

第1章 广厦建筑结构CAD概述 1
1.1 广厦建筑结构CAD的基本功能与应用范围 1
1.1.1 技术特点 1
1.1.2 程序的应用范围及设计功能 1
1.1.3 广厦建筑结构CAD的安装 2
1.1.4 AutoCAD中Ⅰ、Ⅱ、Ⅲ级和冷轧带肋钢筋符号 3
1.2 广厦建筑结构CAD系统主菜单 3

第2章 录入系统 5
2.1 录入系统界面介绍 5
2.2 混凝土结构模型的录入 8
2.2.1 结构信息 8
2.2.2 轴线编辑 32
2.2.3 平面图形编辑 36
2.2.4 荷载编辑 53
2.2.5 楼梯编辑 57
2.3 砖混结构模型的录入 61
2.3.1 砖混总信息 63
2.3.2 各层信息 66
2.3.3 轴线编辑 67
2.3.4 砖混平面图形编辑 67
2.3.5 砖混荷载编辑 82
2.4 数据检查 85
2.5 计算简图和打印 85
2.6 其他命令操作 85
2.6.1 层间拷贝 85
2.6.2 插入工程 85
2.6.3 寻找构件 86
2.6.4 层间修改 86
练习与思考题 86

第3章 楼板、次梁和砖混计算 96
3.1 楼板计算 96

3.2 次梁计算 98
3.3 砖混计算 98
3.4 砖混结果总信息 101
练习与思考题 102

第4章 通用分析程序 GSSAP 103
4.1 GSSAP 结果文本方式 103
4.1.1 "GSSAP 结果总信息"文本文件及分析 103
4.1.2 超筋超限警告 124
4.2 GSSAP 结果图形显示 128
4.2.1 构件配筋 128
4.2.2 构件内力 130
4.2.3 位移及振型 132
4.2.4 文本计算结果 133
4.2.5 杆件的有限元计算 133
4.3 对比审图 136
练习与思考题 136

第5章 结构施工图 137
5.1 结构配筋系统 137
5.1.1 构件选筋控制 137
5.1.2 生成结构施工图 144
5.1.3 警告信息的处理 145
5.2 施工图系统 145
5.2.1 构件设计 146
5.2.2 生成墙柱定位图 152
5.2.3 出图信息 153
练习与思考题 154

第6章 基础计算与设计 155
6.1 扩展基础设计 156
6.1.1 扩展基础总体信息 156
6.1.2 扩展基础设计 157
6.1.3 扩展基础设计计算书 159
6.2 桩基础设计 159
6.2.1 桩基础总体信息 160
6.2.2 桩基础设计 161
6.2.3 桩基础设计计算书 164

6.3 弹性地基梁设计.. 164
6.3.1 弹性地基梁总体信息 165
6.3.2 弹性地基梁设计 166
6.3.3 弹性地基梁设计计算书 168
6.3.4 弹性地基梁施工图绘制 168
6.4 桩筏和筏板基础设计 169
6.4.1 桩筏和筏板基础总体信息 170
6.4.2 筏板和筏板基础设计 171
6.4.3 筏板和筏板基础设计计算书 175
6.4.4 筏板基础施工图绘制 175
练习与思考题 176
综合练习 177
附录 A 录入系统数据检查错误信息表 190
附录 B 主要的全命令和简化命令名 195
参考文献 200

第1章 广厦建筑结构 CAD 概述

1.1 广厦建筑结构 CAD 的基本功能与应用范围

1.1.1 技术特点

广厦建筑结构 CAD 由广东省建筑设计研究院和深圳市广厦软件有限公司联合开发，计算有空间薄壁杆系计算程序 SS、空间墙元杆系计算程序 SSW、建筑结构通用分析与设计软件 GSSAP 及建筑结构弹塑性静力和动力分析软件 GSNAP。GSSAP 应用于上部结构和基础的计算和设计中，成为整个结构 CAD 的计算核心，GSNAP 提供智能化的弹塑性静力推覆和弹塑性动力时程分析，用于高层与超高层设计计算，本科阶段只需掌握 GSSAP，故本教材只介绍建筑结构通用分析与设计软件 GSSAP。

广厦建筑结构程序是一个面向民用建筑的多高层建筑结构 CAD 软件，可计算砌体结构、钢筋混凝土结构、钢结构以及由它们组成的混合结构，可完成从建模、计算到施工图自动生成及处理的一体化设计工作。

广厦建筑结构 CAD 具有以下特点：
AutoCAD 风格的模型输入和图纸编辑界面；
处理复杂砖混、底框、内框、外框和边框的能力；
异形柱建模、计算和出图的设计功能；
一次建模可采用 SS、SSW、GSSAP 多套程序计算，最后出图的设计流程；
设计和计算功能完善的基础 CAD 系统；
快速、高质量的施工图生成技术；
国内两大集成化结构 CAD 之一，功能齐全，计算稳定可靠。

1.1.2 程序的应用范围及设计功能

广厦建筑结构 CAD 适用于计算多种结构形式的建筑：框架结构、框架—剪力墙结构、剪力墙结构、筒体结构、空间钢构架、网架、网壳等；从使用的建筑材料上分为砌体结构、混凝土结构、混凝土—砌体混合结构、钢结构、钢—混凝土混合结构；从使用功能上除常见的住宅、办公楼等民用建筑外还可计算荷载较大的工业建筑及博物馆、体育馆等大空间的公共建筑。建筑平面可以是任意形式的，平面网格既可以是正交的也可以是斜交的。程序可以处理弧墙、弧梁、圆柱及各类偏心、转角构件；可以计算多塔、错层、连体、转换层、厚板转换、斜撑、坡屋面的建筑。楼板的计算可采用刚性板、膜元、板元或壳元计算模型；程序根据平面凹凸和开洞情况自动判定分块刚性楼板、弹性楼板和局部刚性楼板。

梁、柱有 70 多种截面型式，7 种变截面类型。

程序可输入的荷载有恒荷载、活荷载、水土压力、预应力、雪荷载、温度应力、人防荷载、风荷载、地震作用和施工荷载等10种工况，构件可作用16种荷载类型及6个荷载作用方向；风荷载可以自动分配到建筑外立面节点上；可同时计算8个方向的地震作用和8个方向风荷载，每个地震方向都单独计算偶然偏心、双向扭转、侧刚比、剪重比、刚重比、位移比、重力二阶效应、内力调整等参数；可准确计算楼层侧向刚度及转换层上下侧向刚度；可模拟真实施工顺序，任意指定单个构件模拟施工组号，进行后浇设计；可按实际建楼梯模型并参与空间分析，对楼梯构件进行抗震承载力验算。

计算规模

层数	≤500层
计算层数	≤500
每层梁数	≤30000
每层柱数	≤30000
每层桁杆数	≤30000
每层墙数	≤30000
每层楼板块数	≤30000
模拟施工最大数	≤30000

结构的节点数、单元数和自由度数不限，动态分配内存。

1.1.3 广厦建筑结构CAD的安装

1. 支持的Windows系统有：Windows 9x/ME/NT/2000/XP，网络USB狗支持跨网段。
2. 单机版安装

1) 在没有插软件狗的情况下，运行软件狗驱动程序：MicroDogInstdrv.exe，安装软件狗驱动程序；

2) 插上并口软件狗或USB软件狗；

3) 有提示"寻找新硬件"，选择继续，一直到安装完毕；

4) 运行光盘上的\gs16\Setup.exe或从网址：www.gscad.com.cn的"产品特区"下载程序直至安装完毕。电子版软件说明书也可在上述网址下载。

更详细的内容见光盘上的"单机版安装和卸载说明.txt"文件。

3. 网络版安装

1) 服务器上在没有插软件狗的情况下，运行软件狗驱动程序：MicroDogInstdrv.exe 安装软件狗驱动程序；

2) 服务器上插上并口软件狗或USB软件狗；

3) 有提示"寻找新硬件"，选择继续，一直到安装完毕；

4) 服务器上运行光盘上"网络狗服务程序\Setup.exe"，安装网络狗服务程序；鼠标左键点按选择Windows窗口右下角的带"R"图标的服务管理程序，选择"服务管理"，点选窗口中左上角的"900156"，窗口中提示最大用户数，网络狗安装成功；

5) 在工作站上运行光盘上的\gs16\Setup.exe或从网址：www.gscad.com.cn的"产品特区"下载程序，直至安装完毕。

网络版安装比单机版安装多了第4步，跨网段安装等更详细的内容见光盘上的"网络版安装和卸载说明.txt"文件。

1.1.4　AutoCAD 中 I、II、III 级和冷轧带肋钢筋符号

在基础 CAD 中，为编辑方便，用 d 代表一级钢，D 代表二级钢，f 代表冷轧带肋钢，F 代表三级钢。

在硬盘上 GSCAD 子目录下提供 txt.shx 字形文件，此文件可覆盖 AutoCAD 字库子目录中的同名文件，在 AutoCAD 中，键盘上"["或"%%130"代表一级钢，"]"或"%%131"代表二级钢，"}"或"%%132"代表三级钢，"%%133"代表四级钢，"{"代表冷轧带肋钢。

若钢筋符号还显示不对，采用 Windows 中左下角"开始—查找"菜单寻找硬盘上所有的 txt.shx 文件，再用 GSCAD 子目录下提供的 txt.shx 覆盖即可，操作时应退出 AutoCAD。

1.2　广厦建筑结构 CAD 系统主菜单

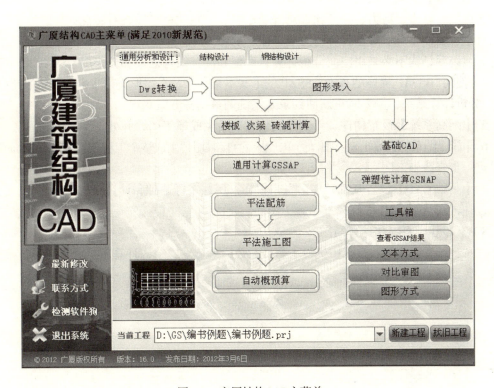

图1-1　广厦结构CAD主菜单

1. 为工程命名：点按【新建工程】，屏幕上出现如下对话框，指定目录并输入新工程名，系统默认.prj 后缀，如图 1-2 所示。

2. 广厦程序结构设计的主要步骤：

1)【图形录入】建模、导荷载形成计算数据。输入总体信息；建立轴网；输入剪力墙、柱、梁、板、砖墙结构构件和楼梯；加构件上荷载。程序自动进行导荷载并生成楼板、次梁、砖混和空间结构分析计算数据。

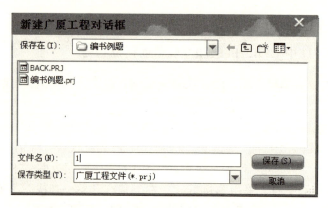

图1-2 新建广厦工程对话框

Dwg转换程序可将建筑平面图Dwg转换成广厦结构平面图,转换成广厦录入中的轴线、梁、柱、混凝土墙和砖墙。

2)【楼板、次梁、砖混计算】计算所有标准层楼板、次梁的内力和配筋。砖混结构进行结构抗震、轴力、剪力、高厚比、局部受压验算,在这里可以查看砖混计算结果。

3)【通用计算GSSAP】计算剪力墙、柱、主梁的内力和配筋,查看GSSAP计算结果总信息。纯砖混结构不必采用空间分析计算,底框和混合结构框架部分采用GSSAP来计算。

4)使用GSSAP程序的查看GSSAP的【文本结果】及【图形文件】中的"超筋超限信息"、分析计算结果,需要时重新回到录入系统调整结构方案。

5)【配筋系统】设置构件"参数控制信息"后生成施工图,并处理警告信息。

6)【施工图系统】编辑施工图,简单工程可直接采用"生成整个工程DWG",在AutoCAD中可进一步修改施工图。

7)【基础CAD】设置基础总体信息。根据首层柱布置基础和计算结构的柱底力,进行基础设计,在AutoCAD中修改基础施工图。

8)打印建模简图和计算简图。

注意:当工程在录入系统中进行了修改,必须重新生成结构计算数据并重新进行楼板、次梁、砖混及GSSAP计算。

第2章 录入系统

2.1 录入系统界面介绍

1. 平移、缩放和旋转：在平面、立面和三维视图中平移和缩放图形有两种方法：按住鼠标中键拖动为平移，滚动鼠标中键为缩放；点按工具栏中的平移、动态缩放、窗选缩放、显示全图、前一显示位置比例、放大一点和缩小一点按钮。

2. 旋转三维视图：鼠标左键拖动旋转三维视图，X 向拖动绕 Y 轴旋转，Y 向拖动绕 X 轴旋转。

3. 命令输入方法：可以通过命令和菜单按钮两种方式执行一个功能，每个命令可以是全命令名和简化命令名，简化命令存于与录入系统同目录的 sscad.pgp，可以采用任意文本编辑器修改，重新进入录入系统时自动调入。主要的全命令名和简化命令名见附录 B。

4. 功能键

　　F1-帮助，命令：help；
　　F2-设置捕捉特征点，命令：OSnapSet；
　　F3-开或关对特征点的捕捉，命令：Osnap；
　　F4-开或关节点图的显示，命令：ShowNode；
　　F5-开或关辅助线，命令：AxisMesh；
　　F6-开或关红色警告，命令：Warn；
　　F7-开或关格栅显示，命令：ShowGrid；
　　F8-开或关正交锁定，命令：Ortho；
　　F9-开或关网点捕捉，命令：Snap；
　　F10-开或关极轴追踪，命令：Polar；
　　Ctrl+X-剪切，命令：CutClip；
　　Ctrl+C-复制，命令：CopyClip；
　　Ctrl+V-粘贴，命令：PasteClip。

5. 捕捉：双击状态中的"捕捉"可以开或关捕捉功能，光标显示形状随捕捉点的不同而改变，通过图 2-1 对话框可进行捕捉点设置。设置-捕捉点设置或 F2。

6. 正交锁定：正交锁定使橡皮线总是在当前直角坐标系的 X 和 Y 方向上，双击状态中的"正交锁定"可以开或关正交锁定功能。

图 2-1 捕捉点设定

7. 多层修改：双击状态中的"多层"可以开或关多层修改功能，所有的命令具有多层修改功能。

8. 图形范围：选择"设置—设定图形界限"，设置图形范围。

9. 打开多个录入窗口：程序允许最多同时打开 4 个窗口，每个窗口可设置为平面视图、立面视图和三维视图。如图 2-2。有些命令操作可在三类视图内或之间进行光标操作，如命令"两点斜柱"可在三维视图中选择两点，也可第 1 点在三维视图中选择，第 2 点在平面视图中选择。菜单位置："视图 – 开 1/2/3/4 个窗口"。

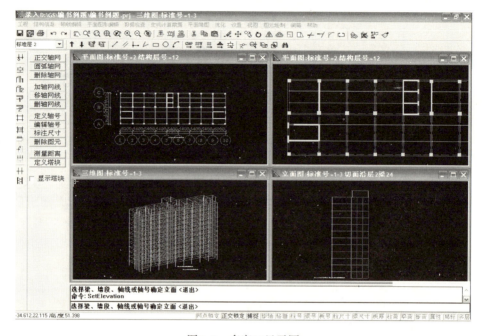

图2-2　多窗口显示图

10. 平面视图：点击窗口标题栏激活某个窗口，点按工具栏中的"设置平面视图"按钮，弹出图 2-3 对话框，输入结构层号，当前活动窗口中显示输入的结构层号所对应的平面图。不同窗口中可显示不同结构层的平面图，方便于两结构层之间的斜柱输入。菜单位置："视图 – 设置平面视图"或工具栏。

图2-3　结构层号

11. 立面视图：点击"视图 – 设置立面视图"或工具栏中的"设置立面视图"按钮，选择梁、墙段、轴线或轴号确定立面，然后输入要显示的起始和结尾标准层号。弹出图 2-4 对话框，输入要显示标准层的范围和立面对应的轴号。当没有轴号时，可在平面图中选择

"轴线编辑—定义轴号"输入轴号。

图2-4　设置三维立面视图

图 2-5 为立面的视角为 Y 轴和负 X 轴方向。

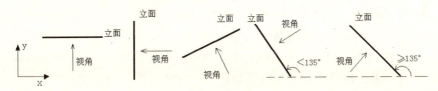

图2-5　各视角示意图

12. 三维视图：点按"视图 – 设置三维视图"或工具栏中的"设置三维视图"按钮，弹出图 2-6 对话框，输入要三维显示的标准层范围和视图方向。

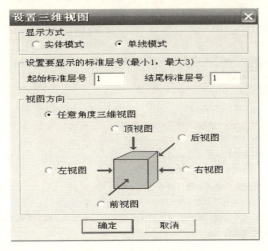

图2-6　选择视图方向

13. 设置三维视图 XY 向显示范围：在平面视图中选择一个多边形或全部显示为三维视图 XY 向显示范围。

2.2 混凝土结构模型的录入

2.2.1 结构信息

广厦程序能够计算砖混结构、钢筋混凝土和钢结构,进入【图形录入】后首先应进入【结构信息】菜单输入总体信息。

【结构信息】包括砖混总体信息、GSSAP 总体信息、SSW 总体信息、SS 总体信息、TBSA 总体信息、SATWE 总体信息、ETABS 总体信息。广厦程序包括 GSSAP、SSW 和 SS 三种计算模型,采用哪种模型进行计算即填写该模型的总体信息。广厦程序还可接口 TBSA、PKPM 程序的 SATWE 和 ETABS,当需要采用两个以上程序比较计算结果时,利用广厦已建的模型,输入需对比计算程序的总体信息,接口对比计算程序进行计算,省去了重新建模的麻烦,也减少了建模过程中的误差。下面介绍 GSSAP 总体信息的参数。

2.2.1.1 GSSAP 总体信息

GSSAP 总体信息包括 7 个部分。

1. 总信息

【结构计算总层数】以楼板、梁和其下的柱、墙作为同一层,对有小塔楼的结构,总层数计到塔楼顶,有地下室时总层数包括地下室。楼层编号顺序由下到上,从 1 开始到结构计算总层数。对多塔结构,结构总层数应是裙楼层数加上各塔楼层数之和,例如:裙房 2 层,裙房上有两塔,每塔 3 层,则总层数填 8(如图 2-7)。对错层结构,每一刚性楼板层可编为一个结构计算层。

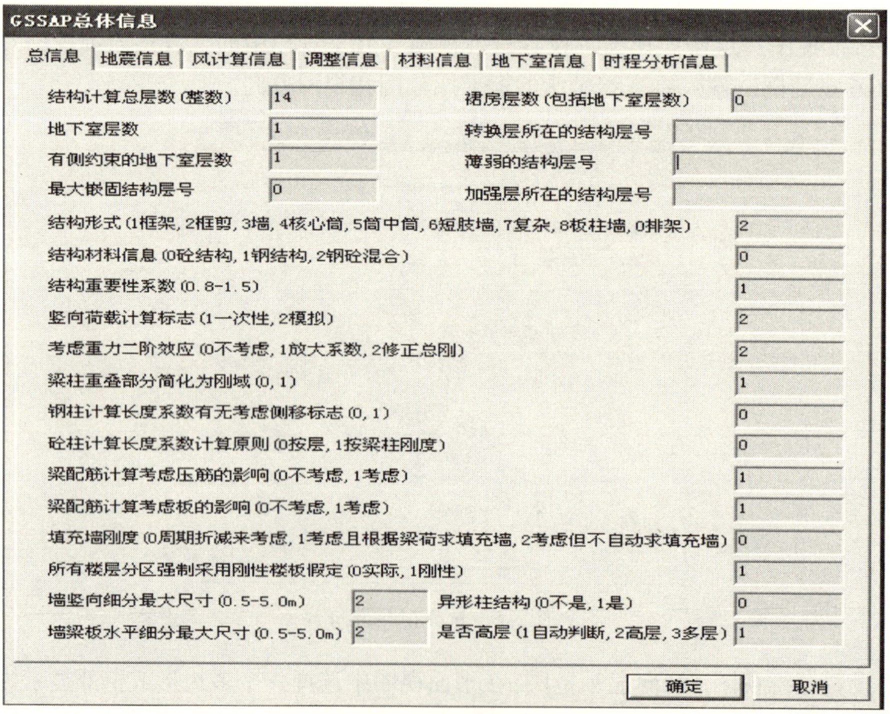

图2-7 总信息

最后生成的结构施工图按建筑层编号，在配筋系统中，可点按"主菜单—参数控制信息—施工图控制"中设置"建筑二层对应结构录入的第几层"来实现结构层号到建筑层号的自动转化。

【裙房层数】（包括地下室层数）裙房指与高层建筑相连的附属建筑。裙房的高度一般不超过24m；裙房高度小于10m（含10m）时，按低层间距控制；高度超过10m、小于24m（含24m）时，按多层间距控制；高度超过24m时，按高层间距控制。

1）裙房影响上塔楼的风荷载自动计算，每塔分别计算风荷载。

2）裙房影响塔楼结果的输出，如刚重比、周期比等。

GSSAP裙房带多塔结构不需切开单独计算。

【最大嵌固结构层号】当地下室结构的楼层侧向刚度不小于相邻上部楼层侧向刚度的2倍时，地下室顶板可作为上部结构的嵌固层，地下室层数即为"最大嵌固结构层号"。规范中指出设计内力调整系数所对应的底层即指嵌固层楼板。

1）大多数工程地下室与首层刚度比<2时不能设为嵌固层，需设有侧约束地下室层数来确定首层结构层号，否则首层柱根判定有错，导致首层柱底的构造加强和内力放大错误。

2）无地下室有地梁层，考虑土的摩擦作用，应设有侧约束地下室层数 1，首层为结构层2。

3）嵌固层的梁不应自动放大1.3倍，因下柱配筋要求不应小于地上同位置的1.1倍，加上梁的贡献，一般情况下已自动满足下柱加梁的承载力大于上柱 1.3 倍的要求，若统一自动放大梁配筋1.3倍，则梁配筋过大，个别不满足要求的，可通过人工调整（图2-8）。

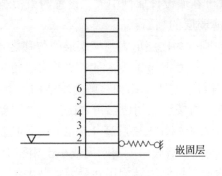

图2-8 嵌固层

【地下室层数】由于地下室部分无风荷载作用，输入"地下室层数"后程序在风荷载计算中自动扣除地下室高度；当地下室局部层数不同时，以主楼地下室层数输入。

【有侧约束的地下室层数】地下室不一定都有约束，有侧约束的地下室侧向反力系数由【X向和Y向基床反力系数K】给出，回填土对地下室约束不大时不能作为有侧约束的地下室。

【转换层所在的结构层号】建筑物某层的上部与下部因平面使用功能不同，该楼层上部与下部采用不同结构类型，并通过该楼层进行结构转换，则该楼层称为结构转换层。按结构功能，转换层可分为3类：

1）上、下层结构类型转换。多用于剪力墙结构和框架–剪力墙结构，它将上部剪力墙转换为下部的框架，以创造一个较大的内部自由空间。

2）上、下层的柱网、轴线改变。转换层上、下的结构形式没有改变，但是通过转换层使下层柱的柱距扩大形成大柱网，常用于外框筒的下层形成较大的入口。

3）同时转换结构形式和结构轴线布置。即上部楼层剪力墙结构通过转换层改变为框架的同时，柱网轴线与上部楼层的轴线错开，形成上下结构不对齐的布置。

转换层影响如下计算内容：

在整体分析结果的结构信息中输出转换层上下刚度比；在高层结构中每个转换层号+2为剪力墙底部加强部位。当转换层号大于等于3层时，需在录入系统中人工指定落地剪力墙和框支柱的抗震等级（通常增加一级）。程序中对框支柱抗震等级已自动提高，但未对剪力墙底部加强部位的抗震等级提高，由设计者自行设定。凡没有设置抗震等级的构件，程序按照总信息中设置的抗震等级确定。

框支柱和框支梁（托剪力墙）由程序自动判断，转换梁地震放大系数需人工设置。转换梁地震放大系数程序内定最小为1.25，也可在录入系统的构件属性中人工设定。

程序最多可输入8个转换层号，每个层号间以逗号分开。

【加强层所在的结构层号】加强层是指刚度和承载力加强的层，如连接内筒与外围结构的水平外伸臂（梁或桁架）结构的楼层为加强层。

加强层与剪力墙的加强部位是两个不同的概念。除加强层及其相邻上、下层外的任一楼层，框架按其侧向刚度分配的最大地震剪力不宜小于底部结构总地震剪力的10%。对框架-核心筒结构和筒中筒结构中的框架均要求进行剪力调整，其中对带加强层的筒体结构，框架部分最大楼层地震剪力不包括加强层及其相邻上、下楼层的框架剪力。

加强层及相邻层核心筒可在墙设计属性中人工设置约束边缘构件。

【薄弱的结构层号】薄弱层的判断：

1）框架结构，楼层侧向刚度为楼层剪力与楼层层间位移之比。当楼层侧向刚度小于相邻上部楼层侧向刚度的70%或其上相邻3层侧向刚度平均值的80%；

2）框架-剪力墙结构、板柱-剪力墙结构、剪力墙结构、框架-核心筒结构、筒中筒结构，楼层侧向刚度为楼层剪力与楼层层间位移角之比。当楼层侧向刚度小于相邻上部楼层侧向刚度的90%、本层层高大于相邻上层层高1.5倍时，该比值不宜小于1.1倍；对结构底部嵌固层，该比值不宜小于1.5倍底层侧向刚度或小于相邻上部楼层侧向刚度的1.5倍。

3）A级高度高层建筑的楼层抗侧力结构层间受剪承载力不宜小于其相邻上一层受剪承载力的80%，不应小于其相邻上一层受剪承载力的65%；B级高度高层建筑的楼层层间抗侧力结构的受剪承载力不应小于其相邻上一层受剪承载力的75%。

达到以上任意一点都可以判断其为结构薄弱层。对有多个薄弱层的结构，薄弱层之间用逗号分开，程序对这些结构薄弱层的墙、柱、梁地震内力自动放大，高层结构的薄弱层放大系数为1.25；多层结构的薄弱层放大系数为1.15。

【结构形式】（1框架，2框剪，3墙，4核心筒，5筒中筒，6短肢墙，7复杂，8板柱墙，0排架）不同的结构形式重力二阶效应及结构稳定验算不同；风荷载计算时不同结构体系的风振系数不同；采用的自振周期不同；结构内力调整系数不同；钢框架混凝土、筒体结构的剪力调整与框架—剪力墙结构是不同的。宜在给出的多种体系中选最接近实际的一种结构体系。

"短肢墙"为截面高度与厚度之比大于4、小于8的剪力墙。当剪力墙截面厚度不小于层高的 1/15，且不小于 300mm，高厚比大于 4 时仍属一般剪力墙，墙肢高厚比小于 4 时应按框架柱设计。程序对所有结构形式都会判断是否为短肢剪力墙。

"复杂"指复杂高层建筑结构，包括带转换层的结构、带加强层的结构、错层结构、连体结构、多塔结构等。《高层建筑混凝土结构技术规程》规定，9 度抗震设计不应采用带转换层的结构、带加强层的结构、错层结构和连体结构。

"排架"结构柱截面计算时的挠曲效应和重力二阶效应与其他柱不同，长度系数 l_0 需人工设定。

【结构材料信息】（0 砼结构，1 钢结构，2 钢砼混合）当设计者没给出结构基本自振周期，计算层风荷载时程序根据本信息自动计算结构的基本自振周期，从而影响风荷载大小。钢与钢混凝土混合结构的剪力调整参数取值不同。

【结构重要性系数】（0.8-1.5）结构构件的重要性系数为 γ_0，对安全等级为一级、二级、三级的结构构件，应分别取 1.1、1.0、0.9。

根据建筑结构破坏后果的严重程度，建筑结构应按表 2-1 划分为 3 个安全等级。设计时应根据具体情况，选用适当的安全等级。

建筑结构的安全等级　　　　　　　　　　　　　　　　表 2-1

安 全 等 级	破 坏 后 果	建筑物类型
一级	很严重	重要的建筑物
二级	严重	一般的建筑物
三级	不严重	次要的建筑物

注：承受恒载为主的轴心受压柱、小偏心受压柱，其安全等级应提高一级。结构构件的承载力设计表达式为：$\gamma_0 S \leqslant R$。

【竖向荷载计算标志】（1 一次性，2 模拟）

1——一次性加载：按一次加荷方式计算重力恒载下的内力；

2——模拟施工加载：按模拟施工加载方式计算重力恒载下的内力。对于结构竖向构件刚度分布不均匀或结构层数较多的建筑物应考虑模拟施工。

【考虑重力二阶效应】（0 不考虑，1 放大系数，2 修正总刚）重力二阶效应也称为 $P-\Delta$ 效应，当结构在水平力（水平地震作用或风荷载）作用下发生水平变形后，重力荷载因该水平变形而引起附加效应，会出现垂直于变形后的竖向轴线分量，这个分量将增大水平位移量，同时也会增大相应的内力，这在本质上是一种几何变形非线性效应。当结构侧移越大时，重力产生的 $P-\Delta$ 效应也越大，从而降低构件性能直至最终失稳。当结构在地震作用下的重力附加弯矩大于初始弯矩的 10% 时，应计入重力二阶效益的影响。

0——不考虑：不考虑重力二阶效应。

1——放大系数：按《高层建筑混凝土结构技术规程》JGJ 3-2010 的 5.4 条放大系数法（位移和内力放大系数）近似考虑风和地震作用下的重力二阶效应，只适用于高层建筑结构，放大系数法不影响结构计算的固有周期。

2——修正总刚：通过修改总刚度近似考虑风和地震作用下的重力二阶效应，适用于多、高层建筑结构，修正总刚法影响结构计算的固有周期。当修正总刚出现非正定不能求解时，只能采用放大系数法。

【梁柱重叠部分简化为刚域】(0,1)

0——将梁、柱重叠部分作为梁的一部分计算；

1——梁、柱重叠部分作为刚域计算。作为刚域计算将使楼层的水平位移减小，梁的弯矩减小，建议选择梁柱重叠部分简化为刚域。

【钢柱计算长度系数有无考虑侧移标志】(0,1)

0——钢柱的计算长度系数按无侧移计算；

1——钢柱的计算长度系数按有侧移计算。

【砼柱计算长度系数计算原则】(0 按层，1 按梁柱刚度）根据《混凝土结构设计规程》GB 50010—2010，对一般的混凝土柱不需要考虑柱的计算长度系数，该参数对计算没有影响；对排架结构的混凝土柱使用该参数，一般选择 0 按层即可，也可在柱属性中直接指定柱计算长度。

【梁配筋计算考虑压筋的影响】(0 不考虑，1 考虑）用于设计人员比较压筋对拉筋的影响，建议考虑。

【梁配筋计算考虑板的影响】(0 不考虑，1 考虑）对现浇楼板和装配整体式结构，宜考虑楼板作为翼缘对梁刚度和承载力的影响。当梁侧两边的板采用刚性板或膜元时，梁配筋计算可考虑每侧 3 倍板厚的影响。程序根据梁板标高自动判断板为梁的上翼缘还是下翼缘。当板为梁的上翼缘时，对于负弯矩，按板构造钢筋面积考虑对梁的影响，对于正弯矩，按板混凝土受压考虑对梁的影响；当板为梁的下翼缘时，对于负弯矩，按板混凝土受压考虑对梁的影响，对于正弯矩，按板构造钢筋面积考虑对梁的影响。建议考虑板对梁配筋计算的影响，进一步达到强柱弱梁的目的。

【填充墙刚度】(0 周期折减来考虑，1 考虑且根据梁荷求填充墙，2 考虑但不自动求填充墙）填 0 考虑填充墙增加了结构的刚度，在后面的参数"周期折减系数"中根据填充墙多少对全楼进行刚度折减，对一般高层建筑填 0。对多层框架结构，若填充墙上下和平面的布置不均匀，采用周期折减方法有一定误差。

填 1 和 2 的不同在于是否自动根据梁荷求填充墙刚度，当填 1 或 2 时 GSSAP 中"周期折减系数"会自动设为 1.0；

在录入梁的设计属性中增加"梁下填充墙宽度"可用于设置首层填充墙，当梁下填充墙宽度和根据梁荷所求填充墙宽度不同时 GSSAP 自动取大值。

建议：

1. 对填充墙较少的楼层应视为薄弱层，相应放大地震内力即可；

2. 填充墙刚度左右不均匀布置，设计中首先应采用地震周期折减方法，而后采用填充墙刚度参与空间分析的方法进行补充计算，局部加强不安全的墙柱；

3. 填充墙刚度对结构常常是有利的，设计中不应采取有利结果。

【所有楼层强制采用刚性楼板假定】(0 实际，1 刚性）该系数用于其他整体分析和内力计算时所有楼层是否强制采用刚性楼板假定，若选择"0 实际"模型计算，每一楼层的刚板、弹性板和独立节点自动按实际刚度情况计算。刚板、弹性板和独立节点个数不限。

结构扩初或选型计算时选择"刚性"可提高计算速度；在构件设计时应选择"实际"，假如楼面接近无限刚，两种结果几乎相同。

计算层刚度比和结构层位移时，程序自动强制按所有楼层强制采用刚性楼板假定。

所有楼层的塔内强制采用刚性楼板假定,一个平面内每个塔有一刚心,塔外节点自动为弹性,如图2-9一个平面内有3个刚心,3个塔之间的节点自动为弹性节点。

【墙竖向细分最大尺寸】(0.5-5.0)剪力墙单元细分时的一个参数,对于尺寸较大的剪力墙,在做墙元细分形成一系列小壳元时为确保分析精度,要求小壳元的边长不得大于所指定最大尺寸,程序限定 0.5m≤最大尺寸≤5.0m,隐含值为最大尺寸为2.0m,最大尺寸对分析精度有一定影响,但不敏感。对于一般工程,可取最大尺寸为2.0,对于框支剪力墙结构,最大尺寸可取得略小些,如最大尺寸为1.5或1.0。

当楼板采用板单元或壳单元计算时,程序自动将板及周边的梁剖分单元,内定最大控制剖分尺寸取墙水平细分最大尺寸,且≤1.0m。

【墙梁板水平细分最大尺寸】(0.5-5.0)剪力墙水平向、弹性板及与之相连梁的细分为小壳元时需要的尺寸。

【异形柱结构】(0 不是,1 是)当选择"1 是"异形柱结构,程序自动取薄弱层地震剪力增大系数 1.2,其他结构地震剪力增大系数为 1.15。

【是否为高层】(1 自动判断,2 高层,3 多层)一般自动判定即可。

10 层及 10 层以上或高度大于 28m 的住宅建筑以及房屋高度大于 24m 的其他高层民用建筑属于高层建筑,商住楼属于住宅建筑不属于其他民用建筑。对高度大于 24m 小于等于 28m 的其他民用建筑如:纯办公楼、酒店、综合楼、商场、会议中心和博物馆要指定为高层; 对因斜屋面,半地下室因素误判为高层时可指定多层。

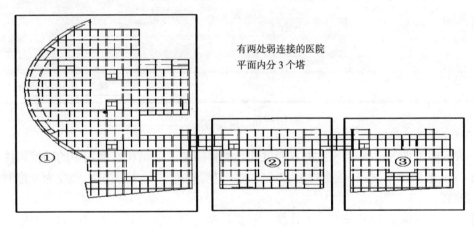

图2-9 有两处弱连接的建筑

2. 地震信息(图 2-10)

【地震力计算】(0 不算,1 水平,2 水平竖向)

0——不计算地震作用,即不考虑地震作用;

1——计算水平地震作用,计算设计者指定方向的水平地震作用;

2——计算水平和竖向地震作用,计算设计者指定水平方向及 Z 方向的地震作用。

当抗震设防烈度为 6 度时,除了规范规定外,乙、丙、丁类建筑可不进行地震作用计算,但仍应采取抗震构造措施,因此可以选择不计算地震作用。地震烈度、框架抗震等级和剪力墙抗震等级仍应按实际情况填写。

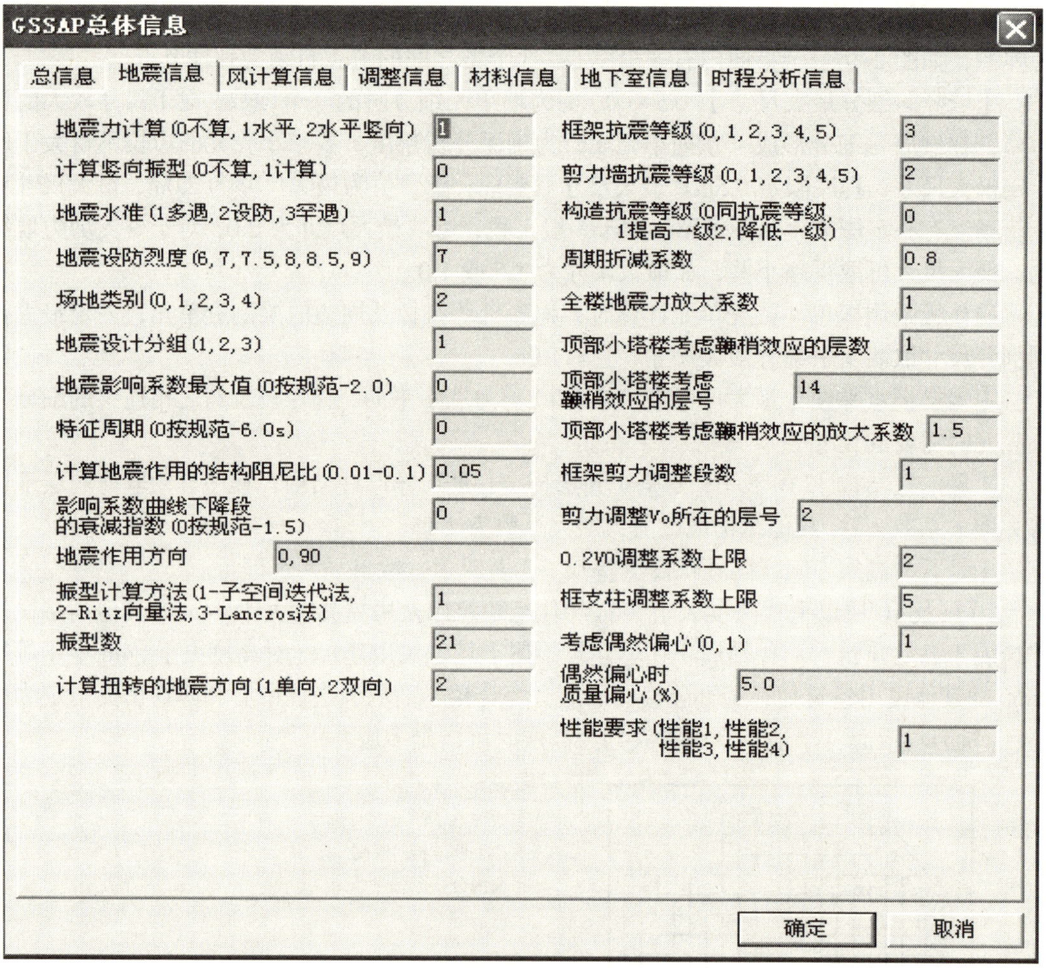

图2-10 地震信息

抗震设防烈度大于等于 8 度的大跨度和长悬臂结构（如结构转换层中的转换构件、跨度大于 24m 的楼盖或屋盖、悬挑大于 2m 的水平悬臂构件等）、抗震设防烈度为 9 度时须计算竖向地震。

【计算竖向振型】（0 不算，1 计算）需要计算竖向地震力时应考虑竖向振型，也可按设计者的要求设定计算。

8、9 度抗震设计时，悬挑结构应考虑竖向地震的影响；6、7 度抗震设计时，悬挑结构宜考虑竖向地震的影响。竖向地震应采用时程法或竖向反应谱法进行分析，并应考虑竖向地震为主的荷载组合。振型分解反应谱方法计算竖向地震时，设计特征周期自动按设计第一组采用，增加了考虑竖向地震为主的荷载组合。

【地震设防烈度】（6,7,7.5,8,8.5,9）按《建筑抗震设计规范》GB 50011—2010 附录 A 采用。

【地震水准】（1 多遇；2 设防；3 罕遇）：以 50 年的设计基准期，超越概率为 63.2% 的为多遇地震烈度；超越概率为 10% 的为设防地震烈度；超越概率为 2%~3% 的为罕遇地震烈度。

程序根据《高层建筑混凝土结构技术规程》JGJ 3—1—2010 第 3.11 条的要求实现性能

1、2、3 和 4 的计算功能，每次只进行一个破坏程度的性能计算；对关键构件和耗能构件要进行另外的破坏程度计算，两次性能计算取大值才能完成整个计算。

【场地土类型】(0,1,2,3,4) 场地类别可取值 0、1、2、3、4，分别代表全国的 I_0、I_1、II、III 和 IV 类土。

根据土层等效剪切波速和场地覆盖层厚度按表 2-2 确定。

各类建筑场地的覆盖层厚度（m）　　　　　　　　表 2-2

等效剪切波速 (m/s)	场 地 类 别				
	I_0	I_1	II	III	IV
V_s > 800（岩石）	0				
800 ≥ V_s > 500（坚硬土或软质岩）		0			
500 ≥ V_s > 250（中硬土）			< 5	≥ 5	
250 ≥ V_s > 150（中软土）			< 3	3 – 50	> 50
V_s ≤ 150（软弱土）			< 3	3 –15	> 15 – 80	> 80

注：土的类型划分和剪切波速范围见《建筑抗震设计规范》GB 50011-2010 表 4.1.6

【地震设计分组】(1, 2, 3) 根据《建筑抗震设计规范》GB 50011—2010 附录 A 给出。

相同场地类别不同地震分组时特征周期不同，即地震反应谱不同，从而计算的地震力也就不同。设计地震分组是从设计近震、远震的概念延伸过来的，宏观震害表明，相同地震烈度下，大震级远震的高柔建筑震害要比发生在该地区的中小地震近震重得多，即相同烈度下，震源位置对结构震害有明显影响。

【地震影响系数最大值】(0 按规范-2.0) 填 0 时，程序自动按表 2-3 查多遇地震、设防地震和罕遇地震的水平地震影响系数最大值，若安评报告值与规范不同，可直接输入非 0 的值。也可通过给定不同的地震影响系数最大值计算结构抗震性能，包括变形及构件承载力。

水平地震影响系数最大值（m/s²）　　　　　　　　表 2-3

地震影响	6 度	7 度	8 度	9 度
多遇地震	0.04	0.08（0.12）	0.16（0.24）	0.32
设防地震	0.12	0.23（0.34）	0.45（0.68）	0.90
罕遇地震	0.28	0.50（0.72）	0.90（1.20）	1.40

注：水平地震影响系数最大值见《高层建筑混凝土结构技术规程》JGJ 3-1-2010 表 4.3.7-1

【特征周期】(0 按规范-6.0s) 填 0 时，程序自动按表 2-4 查特征周期，否则地震计算时按设定值计算。计算罕遇地震作用时，特征周期应增加 0.05s。

【计算地震作用的结构阻尼比】(0.01-0.1)

钢筋混凝土结构的阻尼比取 0.05；

预应力钢筋混凝土结构的阻尼比取 0.03；

钢和钢筋混凝土混合结构在多遇地震下的阻尼比可取 0.04；

特征周期值（s） 表2-4

设计地震分组	场地类别				
	I_0	I_1	II	III	IV
第一组	0.20	0.25	0.35	0.45	0.65
第二组	0.25	0.30	0.40	0.45	0.75
第三组	0.30	0.35	0.45	0.65	0.90

注：特征周期值见《建筑抗震设计规范》GB 50011—2010 表5.1.4

型钢混凝土组合结构的阻尼比可取为0.04。

钢结构在多遇地震下的阻尼比：高度不大于50m时，可取0.04；高度大于50m且小于200m时，可取0.03；高度不小于200mm时，宜取0.02。

当偏心支撑框架部分承担的地震倾覆力矩大于结构总地震倾覆力矩的50%时，其阻尼比可相应增加0.005，在罕遇地震下的弹塑性分析，阻尼比可取0.05。

【影响系数曲线下降段的衰减指数】（0 按规范-1.5）填 0 程序自动按《建筑抗震设计规范》GB 50011—2010 取值，当设计的工程有"地震安全性评价报告"时，该系数及"水平地震影响系数最大值"和"特征周期"均按报告给出的参数取值.

【地震作用方向】程序同时计算地震作用方向数，可取最多 8 个地震作用方向（单位为度），一般取侧向刚度较强和较弱的方向为理想地震作用方向。0 和 180 度为同一方向，不需输入两次，输入次序没有从小到大或从大到小的要求。规则的异形柱结构至少设置4个地震方向：0，45，90，135。

程序在每个地震方向计算刚度比、剪重比和承载力比，自动求出并处理相应的内力调整系数，考虑每个地震方向的偶然偏心和双向地震作用，每个方向的计算和输出内容是一样的。

【振型计算方法】（1：子空间迭代法，2：Ritz 向量法，3：Lanczos 法）

子空间迭代法计算精度高，但速度稍慢。对于小型结构，当计算振型较多或需计算全部结构振型时，宜选择该方法。对于普通结构计算，建议采用该方法计算。

兰索斯（Lanczos）方法速度快，精度较低。对于一般的结构计算，只需求解结构的前几十个振型，需计算振型数远小于结构的总自由度数、质点数，兰索斯方法的计算结果与子空间迭代法计算结果基本相同。

李兹向量（Ritz）直接法的速度、精度介于前两者之间。

在一般的结构设计中，三种计算方法的计算精度都能满足设计要求，对于特殊结构当采用一种方法求解不收敛或不能求解固有频率时，可换另一种方法求解。

【振型数】振型数取值与结构层数及结构形式有关，当结构层数较多或结构刚度突变较大时，振型数应取得多些，如顶部有小塔楼、转换层等结构形式。对于多塔结构振型数不少于18。所取的振型数应保证参与计算振型的有效质量≥90%，当结构的扭转不大时，参与扭转振型计算的有效质量可不满足≥90%，而平动振型要求满足≥90%，当所取的振型数过多导致计算出错时应减少振型数。取最多振型数仍不能满足有效参与质量≥90%时可设置全楼地震力放大系数。

【计算扭转的地震方向】（1 单向，2 双向）质量和刚度分布明显不对称的结构，应计入双向水平地震作用下的扭转影响。程序考虑每个地震方向的双向水平地震作用。当偶然质量偏心和双向地震扭转效应都选择时，两种情况都计算位移，且内力参与组合自动取大值。

【框架抗震等级】、【剪力墙抗震等级】（0，1，2，3，4，5）0为按特一级计算，构造要求按一级抗震处理；5为非抗震，构造要求按非抗震处理。框架和剪力墙抗震等级用于控制内力调整。

丙类建筑的抗震等级应按表2-5确定。

现浇钢筋混凝土房屋的抗震等级　　　　表2-5

结构类型		烈　度						
		6		7		8		9
		≤24	>24	≤24	>24	≤24	>24	≤24
框架结构	框架	四	三	三	二	二	一	一
	大跨度公共框架	三		二		一		一
框架-抗震墙结构	高度（m）	≤60	>60	≤24	25~60	>60	≤24	25~60	>60	≤24	25~50
	框架	四	三	四	三	三	三	二	二	二	一
	抗震墙	三	三	三	二	二	二	一	一
抗震墙结构	高度（m）	≤80	>80	≤24	25~80	>80	≤24	25~80	>80	≤24	25~60
	抗震墙	四	三	四	三	二	三	二	一	二	一
部分框支抗震墙结构	高度（m）	≤80	>80	≤24	25~60	>60	≤24	25~80		
	抗震墙 一般部位	四	四	四	三	三	三	二		
	加强部位	三	二	三	二	二	二	一		
	框支层框架	二		二		一		一		
框架-核心筒结构	框架-核心筒 框架	三		二		一		一
	核心筒	二		二		一		一
筒中筒结构	外筒	三		二		一		一
	内筒	三		二		一		一
板柱-抗震墙结构	高度（m）	≤35	>35	≤35	>35	≤35	>35	
	板柱的柱	三	二	二	二	一	一	
	抗震墙	二	二	二	一	二	一	

注：现浇钢筋混凝土房屋的抗震等级见《建筑抗震设计规范》GB 50011—2010 表6.1.2。
（1）建筑场地为I类时，除6度外可按表内降低一度所对应的抗震等级采取抗震构造措施，但相应的计算要求不应降低；
（2）接近或等于高度分界时，应允许结合房屋不规则程度及场地、地基条件确定抗震等级；
（3）大跨度框架指跨度不小于18m的框架；
（4）高度不超过60m的框架-核心筒结构按框架-抗震墙的要求设计时，应按表中框架-抗震墙结构的规定确定其抗震等级。

【构造抗震等级】（0 同抗震等级；1 提高一级；2 降低一级）该参数控制整个结构构造抗震等级提高或降低，原框架和剪力墙的抗震等级为抗震措施的抗震等级。

总信息控制整个结构，属性信息控制楼层。

《建筑抗震设计规范》3.3.2条：建筑场地为Ⅰ类时，甲、乙类建筑应允许仍按本地区抗震设防烈度的要求采取抗震构造措施；丙类建筑应允许按本地区抗震设防烈度降低一度的要求采取抗震构造措施，但抗震设防烈度为6度时仍应按本地区抗震设防烈度的要求采取抗震构造措施。

《建筑抗震设计规范》3.3.3条：建筑场地为Ⅲ、Ⅳ类时，对设计基本地震加速度为0.15g和0.30g的地区，除本规范有规定外，宜分别按抗震设防烈度8度（0.20g）和9度（0.40g）时各类建筑的要求采取抗震构造措施。

【周期折减系数】有填充墙的结构在建模时只计算了梁、柱、墙和板的刚度，并以此刚度求得结构自振周期，由于填充墙的存在，结构的实际刚度大于计算刚度，实际周期小于计算周期。以计算周期计算地震作用则地震作用偏小，使结构分析偏于不安全，因而需对地震作用再放大些。周期折减系数不改变结构的自振特性，只改变地震影响系数。该系数用于框架、框架—剪力墙、框架筒体结构。周期折减系数的取值视填充墙的多少而定（表2-6）。

结构类型对周期折减系数的影响 表2-6

结 构 类 型	填充墙较多	填充墙较少
框架结构	0.6~0.7	0.7~0.8
框剪结构	0.7~0.8	0.8~0.9
剪力墙结构	0.8	1.0
框架-核心筒结构	0.8	0.9

【全楼地震力放大系数】这是一个无条件放大系数，当结构由于结构布置等因素计算的地震力上不去，而周期、位移又比较合理时，可通过此参数来放大地震力，一般取1.0~1.5之间。

在"水平力效应验算"中提供了各层的剪重比，若剪重比不满足《建筑抗震设计规范》GB 50011—2010的5.2.5条要求，程序已自动放大对应层的地震作用内力。

【顶部小塔楼考虑鞭梢效应的层数】、【顶部小塔楼考虑鞭梢效应的层号】、【顶部小塔楼考虑鞭梢效应的放大系数】顶层小塔楼在动力分析中会引起很大的鞭梢响应，结构高振型对其影响很大，所以在有小塔楼的情况下，按规范所取振型数计算的地震力往往偏小，给设计带来不安全因素。在取得足够的振型后，也宜对顶层小塔楼的内力作适当放大，放大系数为1.5。在输入小塔楼层数后，还要顺序输入小塔楼对应的结构层号。

注意：如果小塔楼的层数大于2层，则振型数应取再多些，直至再增加振型数后对地震力影响很小为止，否则采用放大地震作用内力弥补振型数的不足。

【框架剪力调整段数】(0-10)、【剪力调整V_0所在的层号】0为不调整；调整时需指出调整的段数及每段调整的起始层号V_0。有侧约束的地下室不需调整，第一个剪力调整V_0所在层为有侧约束地下室层数加1；对结构沿竖向刚度变化较大的结构可分段进行剪力调整，各V_0所在层号之间用逗号分开。

框架-剪力墙结构，剪力墙的刚度很大，吸收了大量的地震力，当发生超值地震时，剪力墙开裂退出工作，这时所有的外力由框架承受，变得很不安全，按多道防线的概念设计要求，墙体是第一道防线，在设防地震、罕遇地震下先于框架破坏，由于塑性内力重分布，框架部分按侧向刚度分配的剪力会比多遇地震下加大，为保证第二道防线的框架具有一定的抗侧力能力，需要对框架承担的剪力予以适当的调整，为此人为设置框架部分承担剪力不能太小。对竖向刚度分布较均匀的框-剪结构，任一层框架地震剪力不小于结构底部总剪力的 20%（钢和钢混凝土混合结构为 25%）；框架各楼层剪力最大值的 1.5 倍（钢和钢混凝土混合结构 1.8 倍），取二者的较小值作为调整值。

对竖向刚度分布不均匀的框-剪结构如仍按结构底部总剪力的 20%调整将使有些框架柱的剪力很不合理，故应分段调整，并设置调整段数和剪力调整 V_0 所在的层号，程序在动力分析后验算满足以上要求；对于剪力墙结构中只有少量柱时不需调整，否则会使柱子剪力、配筋过大。

若为板柱-墙结构有另外的调整要求。

【0.2V_0 调整系数上限】对柱较少的框架-剪力墙结构，如果不设上限，剪力调整后柱剪力很大而不合理，故设置调整上限。此处填框架柱剪力放大倍数，一般填 2。

【框支柱调整系数上限】框支柱调整放大的倍数。如不设上限，当框支柱很少时调整后框支柱剪力将很大而不合理，一般填 5，可根据具体情况适当减小。

【考虑偶然偏心】(0,1) 由于活载的随机布置，高层结构计算地震作用时应考虑偶然偏心的影响。当填 1 程序考虑每个地震方向的偶然偏心，当偶然质量偏心和双向地震扭转效应都选择时，两种情况都计算位移，并且内力参与组合，自动取大值。

【偶然偏心时质量偏心】(%) 一般情况取 5，对超长结构可适当减少。

【性能要求】（性能 1，性能 2，性能 3，性能 4）：1、2、3、4 对应 A、B、C、D。

GSSAP 每次只进行一个指定地震水准下的性能计算，对于不同的地震水准下的性能计算，需计算多次，并人工取大值。

多遇地震下性能 A、B、C 和 D 的内力组合、调整和材料是相同的，所以多遇地震下不同性能要求的计算结果相同（表 2-7）。

高层建筑设防地震下的性能 C 与罕遇地震下的性能 B，正截面验算和抗剪验算的内力组合不同，抗剪验算要按性能 A 另算一遍，两次计算分别取正截面验算和抗剪验算结果。

抗震性能设计目标　　　　　　　　　　　　　　表 2-7

地震水准	性能 A	性能 B	性能 C	性能 D
多遇地震	完好(1)	完好(1)	完好(1)	完好(1)
设防烈度地震	完好，正常使用(1)	基本完好，检修后继续使用(2)	轻微至中等破坏，简单修复后继续使用(3)	轻微至接近中等破坏，变形 <3[μ_e](4)
罕遇地震	基本完好，检修后继续使用(2)	轻微至中等破坏，修复后继续使用(3)	其破坏需加固后继续使用(4)	接近严重破坏，大修后继续使用(5)

注：《高层建筑混凝土结构技术规程》JGJ 3—2010 表 3.11.1。

性能 A：结构构件在预期大地震下仍处于弹性状态；

性能 B：结构构件在中地震下完好，大震下可能屈服状态；

性能 C：结构构件在中地震下已有轻微塑性变形，大震下有明显的塑性变形；

性能 D：结构构件在中震下的损坏大于性能 C，结构总体的抗震承载力略高于一般情况。

各性能水准结构预期的震后性能状况 表2—8

结构抗震性能水准	宏观损坏程度	损坏部件			继续使用的可能性
		关键构件	普通竖向构件	耗能构件	
1	完好、无损坏	无损坏	无损坏	无损坏	无需修理即可继续使用
2	基本完好、轻微损坏	无损坏	无损坏	轻微损坏	稍加修理即可继续使用
3	轻微损坏	轻微损坏	轻微损坏	轻度损坏、部分中度损坏	一般修理即可继续使用
4	中度损坏	轻度损坏	部分构件中度损坏	中度损坏、部分比较严重损坏	修复或加固后可继续使用
5	比较严重损坏	中度损坏	部分比较严重损坏	比较严重损坏	需排险大修

注：《高层建筑混凝土结构技术规程》JGJ 3—2010 表 3.11.2

抗震概念设计是决定结构抗震性能的重要因素，需要采用抗震性能设计的工程一般为不能完全符合抗震概念设计的要求。性能设计时只需设置地震水准和性能目标要求即可。

3. 风计算信息

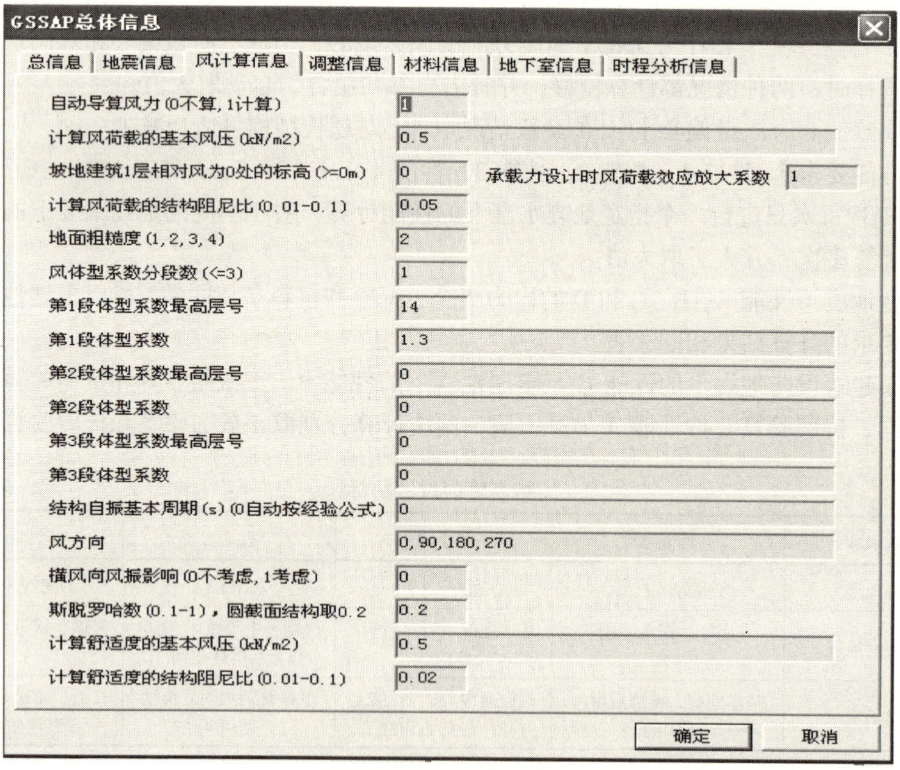

图2-11 风计算信息

【自动导算风力】（0不算，1计算）在"生成 GSSAP 计算数据"时控制是否按层自动计算每层的风荷载。选择 0 不计算层风荷载，生成的 GSSAP 入口数据中每层风荷载为零。

此时设计者可人工在建筑外立面的墙柱、梁、板上加风工况的荷载；选择1，GSSAP自动进行风内力计算。

【计算风荷载的基本风压】（kN/m²）基本风压为以当地比较空旷平坦地面上离地10m高统计所得的50年一遇10min平均最大风速V（m/s）为标准，按《建筑结构荷载规范》GB 50009取值，但不得小于0.3kN/m，对高层建筑、高耸结构及对风荷载比较敏感的其他结构，基本风压应适当提高，并应由有关结构设计规范具体规定。

多个风作用方向对应的基本风压用逗号分开输入，没有输入某方向对应基本风压的程序自动按第1个风向对应的基本风压取值。若各方向基本风压相同，只输入1个基本风压。

【坡地建筑1层相对风为0处的标高】（>=0m）坡地建筑一层即基底相对风荷载为零的地面相对标高，用于结构建在山上而风压为零处在山底的情况，该值要大于等于零，为负值时不予考虑；当设置地下室层数时，程序会自动准确考虑风荷载计算，不需在这里输入参数。

【计算风荷载的结构阻尼比】（0.01–0.1）按《高层建筑混凝土结构技术规程》JGJ 3—1—2010的3.7.6条，对房屋高度不小于150m的高层建筑应满足风振舒适度要求，需对结构顶点的顺风向和横风向振动最大加速度进行限制。不同材料的结构阻尼比见《荷载规范》7.4.6的条文说明：对钢结构取0.01，对有墙体材料填充的房屋钢结构取0.02，对钢筋混凝土及砌体结构取0.05。

【地面粗糙度】（1，2，3，4）：地面粗糙度可分为A、B、C、D四类：

—— A类指近海海面和海岛、海岸、湖岸及沙漠地区；
—— B类指田野、乡村、丛林、丘陵以及房屋比较稀疏的乡镇和城市郊区；
—— C类指有密集建筑群的城市市区；
—— D类指有密集建筑群且房屋较高的城市市区。

1、2、3、4对应A、B、C、D四类地面粗糙度。

在确定城区的地面粗糙度类别时，若无地面粗糙度指数实测结果，可按下列原则近似确定：

以拟建房屋为中心，2km为半径的迎风半圆影响范围内建筑物的平均高度来划分地面粗糙类别，当平均高度不大于9m时为B类；当平均高度大于9m但不大于18m时为C类；当平均高度大于18m时为D类。

【风体型系数分段数】现代多、高层结构立面变化较大，不同区段内体型系数可能不同，程序限定体型系数最多可分三段取值。若体型系数只分一段或两段时，则仅需填写前一段或两段的信息，其余信息可不填。对每一段的体型系数，可用逗号分开输入多个风向对应的体型系数，没有输入某风方向对应的体型系数时程序自动按第1个风方向对应的体型系数取值，各方向的体型系数相同时，输入1个体型系数即可。

体型系数按下列规定采用：

1）多层以下建筑按《建筑结构荷载规范》表7.3条取。
2）高层建筑按《高层建筑混凝土结构技术规程》附录B取。
3）复杂结构应由风洞试验确定。

【结构自振基本周期（s）】（0自动按经验公式）结构自振基本周期可由经验公式确定，如已知结构的计算周期可直接填写，使风荷载计算更准确。

结构基本周期=平动第一周期×周期折减系数

多个风方向对应的基本周期可用逗号分开输入,没有输入某风方向对应的基本周期时程序自动按第一个风方向对应的基本周期取值,各方向的基本周期相同时输入一个基本周期即可。

【风方向】最多可取 8 个风方向,单位:度。一般取刚度较强和较弱的方向为理想风方向。规则的异形柱结构至少设置四个风方向:0,45,90,135。

与【地震计算方向】设置不同的是,0 度和 180 度为不同的风方向,一般需同时设置 0 度和 180 度。输入次序没有从小到大或从大到小要求。程序在每个风方向的计算和输出内容是一样的。

【横风向风振影响】(0 不考虑,1 考虑)当建筑高度超过 150m、高宽比大于 5 的高层建筑、细长圆形截面构筑物高度超过 30m 且高宽比大于 4 的构筑物,横风向风振作用效应明显。横风向振动作用明显的高层建筑应考虑横风向风振的影响。

程序对多层建筑周期大于 0.25s 时自动不考虑风振影响。

【斯托罗哈数】(0.1-1.0)斯托罗哈数(strouhal)为与结构截面几何形状和雷诺数有关的参数,圆结构截面取 0.2,对矩形截面的细高结构和其他形状要基于风洞试验来确定。

【计算舒适度的基本风压】(kN/m^2)进行舒适度计算时取重现期为 10 年的风压基本值计算风荷载。

【计算舒适度的结构阻尼比】(0.01-0.1)按《高层建筑混凝土结构技术规程》对混凝土结构取 0.02,对混合结构根据建筑高度和结构类型取 0.01~0.02。

【承载力设计时风荷载效应放大系数】按《高层建筑混凝土结构技术规程》JGJ 3—2010 的 4.2.2 条,对风荷载比较敏感的高层建筑,承载力设计时应按基本风压的 1.1 倍采用。对风荷载的敏感性与高层建筑的体型、结构体系和自振特性有关,对主体结构高度大于 60m 的结构应取 1.1,对高度不大于 60m 的结构设计人员根据实际情况确定。

4. 调整信息

【转换梁地震内力增大系数】(1.0-2.0)托柱的梁为转换梁,托墙的梁为框支梁。框支梁控制适用于所有转换梁;程序自动判定转换梁,当某根转换梁地震内力增大系数设为随总信息时,按这里的设置取值,且大于等于 1.25。

可在构件属性中设置个别梁为"框支梁"和"框支梁地震内力增大系数"的值。

【地震连梁刚度折减系数】(0.5-1.0)连梁指两端与剪力墙相连的梁且跨高比小于 5,由于连梁两端剪力墙刚度大、连梁跨度小、截面高度大、刚度大,故内力会很大,常出现超筋。规范允许连梁在地震时出现裂缝,进入塑性状态后卸载给剪力墙。为控制裂缝宽度,连梁刚度折减系数不小于 0.55,不折减时取 1.0。

程序在进行风荷载等非地震荷载作用下结构承载力设计和位移计算时,不进行连梁刚度折减,以控制正常使用时连梁裂缝的发生,只在地震分析时考虑连梁刚度折减。

程序自动判定两端都与剪力墙相连的主次梁,至少一端与剪力墙肢方向的夹角不大于 250º 且跨高比小于 5.0 为连梁。被虚柱打断的连梁程序能自动合并再判定,超出自动判定范围时可在构件属性中设置"梁设计类型"为"连梁"和"连梁刚度折减系数"。

【中梁($H<800$)刚度放大系数】(1.0-2.0)程序录入计算时梁截面取矩形,考虑现浇板与梁一起按照 T 形截面梁工作对梁的刚度放大。预制楼板结构、板柱体系的等代梁结构该系数不能放大,该系数对连梁不起作用。

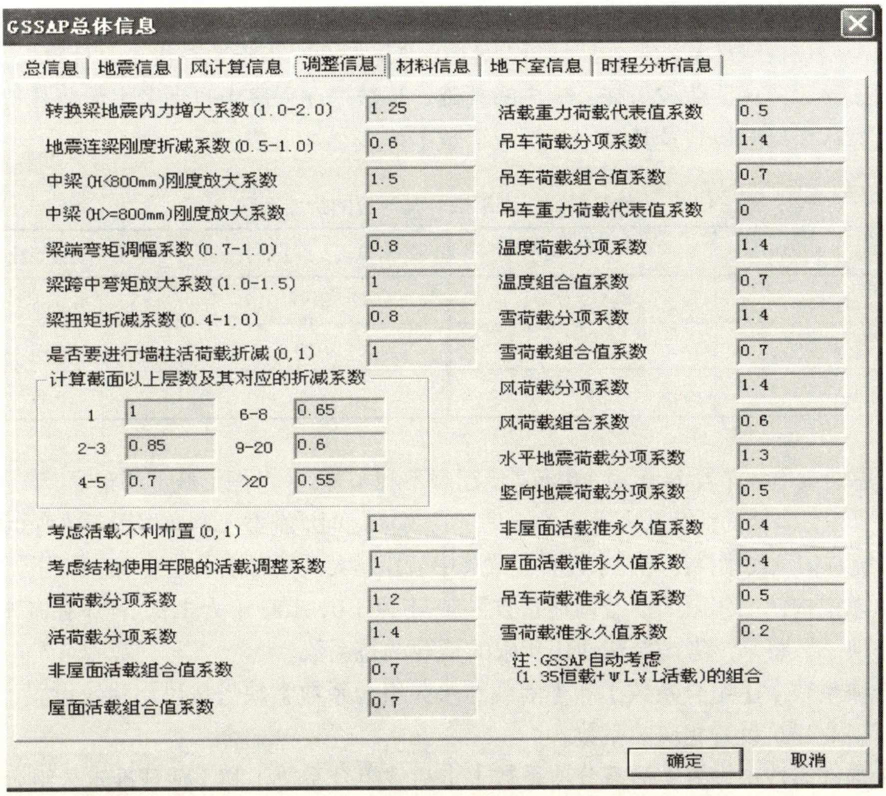

图2-12 调整信息

程序自动搜索中梁和边梁（截面 B 和 H 都小于 800mm），两侧与刚性楼板相连的梁刚度放大系数为中梁刚度增大系数 BK，只有一侧与刚性楼板相连的梁刚度放大系数为：$0.5 \times (BK+1.0)$，其他情况的梁刚度不放大。

可在构件属性中设置个别梁的"中梁刚度增大系数"。

考虑大震时混凝土允许开裂，刚度增大系数不能完全按 T 形截面弹性计算，否则梁的刚度太大配筋大，不利于强柱弱梁；在计算弯矩、配筋时按弹性计算减半设置合适，如一般梁弹性计算刚度增大系数为 2.0，大震塑性计算取 1.5 比较合适；在小震时按弹性位移控制，即在位移计算时取 2.0，共分两次计算。

【中梁（$H>800$）刚度放大系数】（1.0-2.0）由于梁截面高度大，板对梁的约束作用相对减小，当梁高≥800mm 在弯矩和配筋计算时刚度放大系数宜取 1.25。

【梁端弯矩调幅系数】（0.7-1.0）在重力恒载和活载作用下，钢筋混凝土框架梁设计允许考虑混凝土的塑性变形内力重分布，适当减小支座负弯矩，相应增大跨中正弯矩，一般取 0.8，悬臂梁不调幅。

可在构件属性中设置某条梁"梁端弯矩调幅系数"。

【梁跨中弯矩放大系数】（1.0-1.5）通过此参数可增大梁的正截面设计弯矩，提高其安全储备。可在构件属性中设置某条梁"梁跨中弯矩增大系数"。多用于活荷载不利布置。

【梁扭矩折减系数】（0.4-1.0）采用刚性楼板假定时，考虑现浇楼板和梁一起工作对梁的抗扭作用而对梁扭矩进行折减，一般取 0.8。采用弹性楼板假定时，梁的扭矩不应折减。

可在构件属性中设置某条梁"梁扭矩折减系数"。

【是否要进行墙柱基础考虑活载折减】(0,1) 设 0 时不折减；设 1 时计算墙柱内力、配筋和轴压比时考虑活荷载折减，生成的基础计算数据在程序中自动考虑活荷载折减。

【计算截面以上层数及其对应的折减系数】按表 2-9 取值。

计算截面以上层数及其对应的折减系数　　　　表 2-9

计算截面以上层数	折减系数	计算截面以上层数	折减系数
1	1	6~8	0.65
2~3	0.85	9~20	0.6
4~5	0.7	>20	0.55

【考虑活载不利布置】(0、1) 0 不考虑活载不利布置；1 考虑活载不利布置。高层建筑结构内力计算中，当楼面活荷载大于 4kN/m² 时，应考虑楼面活荷载不利布置引起梁弯矩的增大。在录入系统总信息或梁设计属性中设置了梁跨中弯矩增大系数时该系数继续起作用。

【考虑结构使用年限的活载调整系数】50 年为 1.0，100 年为 1.1，程序在基本组合时活载的分项系数将乘上考虑结构使用年限的活载调整系数。

【分项系数】、【组合系数】和【活载准永久组合系数】缺省按民用建筑设置，设计人员可根据工业建筑设置相应的系数。

可在构件属性中设置【活载分项系数】、【活载组合系数】和【活载准永久组合系数】，工业设计中局部构件【活载分项系数】、【活载组合系数】和【活载准永久组合系数】可能不同。

【活载重力荷载代表值系数】和【吊车重力荷载代表值系数】计算地震作用时，求质量和重力荷载代表值要考虑活载的组合系数，它对竖向荷载作用下的内力计算无影响，一般的民用建筑取 0.5。《建筑抗震设计规范》GB50011-2010 的 5.1.3 条要求，计算地震作用时，建筑的重力荷载代表值应取结构和构配件自重标准值和各可变荷载组合值之和，各可变荷载的组合值系数应按表 2-10 采用。

组合值系数表　　　　表 2-10

可变荷载种类		组合值系数
雪荷载		0.5
屋面积灰荷载		0.5
屋面活荷载		不计入
按实际情况计算的楼面活荷载		1.0
按等效均布荷载计算的楼面活荷载	藏书库、档案库	0.8
	其他民用建筑	0.5
吊车悬吊物重力	硬钩吊车	0.3
	软钩吊车	不计入

注：硬钩吊车的吊重较大时，组合值系数应按实际情况采用。

5. 材料信息

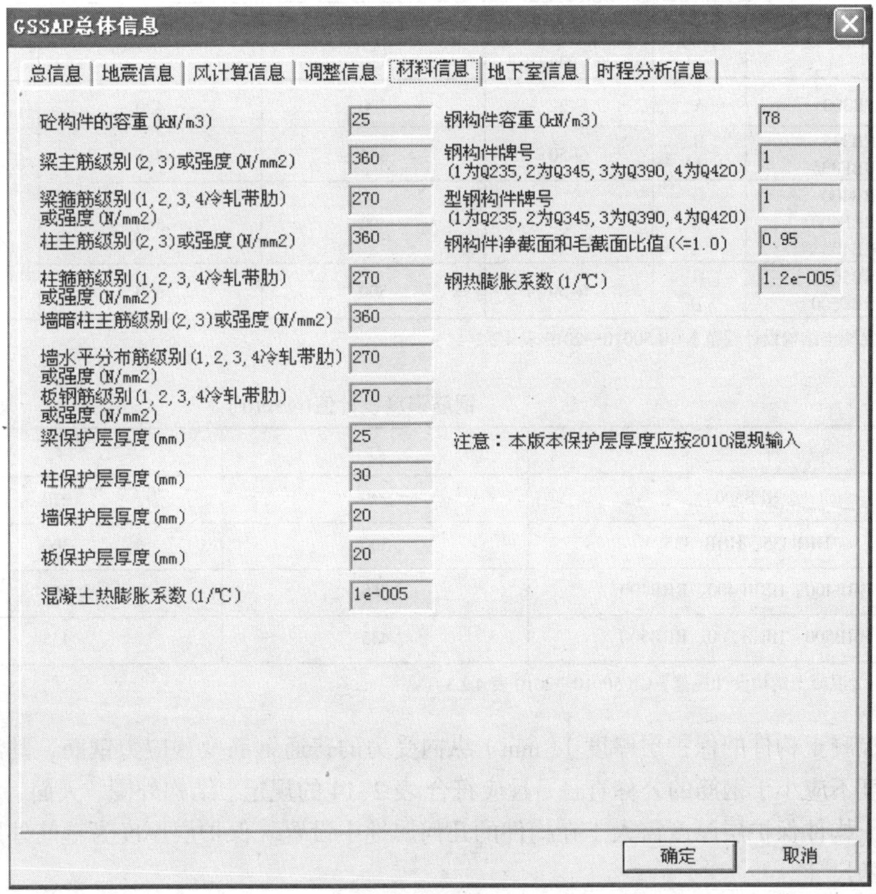

图2-13 材料信息

【砼构件的容重】（kN/m³）钢筋混凝土自重 24～25 kN/m³，饰面材料自重 0.34～0.7 kN/m²，考虑饰面材料的重量折算后自重一般按结构类型取值（表2-11）。

结构自重表 表2-11

结构类型	板柱结构、框架结构	框剪结构	剪力墙结构、筒体结构
自重 kN/m³	25～26	26～27	27～28

【钢筋级别（1，2，3，）或强度（N/mm²）】当小于10为钢筋级别，否则为实际设计强度。

1、2、3级对应钢筋 HPB300，HRB335、HRBF335 和 HRB400，强度设计值分别取 270N/mm²、300N/mm² 和360N/mm²。4级冷轧带肋钢筋分为 CRB550、CRB650、CRB800、CRB970 四个牌号。CRB550 为普通钢筋混凝土用钢筋，其他牌号为预应力混凝土钢筋。

梁、柱纵筋和墙暗柱纵筋选2、3级，梁、柱箍筋和墙分布筋可选1、2、3级和4级冷扎带肋。个别构件钢筋级别与总体信息不同时可在构件的几何属性中单独设置。

钢筋屈服强度、抗拉强度的标准值及极限应变应按表2-12采用。

钢筋的抗拉强度设计值 f_y 及抗压强度设计值 f'_y 应按表2-13采用。

钢筋强度标准值及极限应变　　　　　　　　　　表 2-12

种类	符号	公称直径 d（mm）	屈服强度 $f_{yk}(N/mm^2)$	抗拉强度 $f_{stk}(N/mm^2)$	极限应变 $\varepsilon_{su}(\%)$
HPB300	A	6~22	300	420	不小于 10.0
HRB335 HRBF335	B B^F	6~50	335	455	不小于 7.5
HRB400 HRBF400 RRB400	C C^F C^R	6~50	400	540	不小于 7.5
HRB500 HRBF500	D D^F	6~50	500	630	

注：《混凝土结构设计规范》GB 50010—2010 表 4.2.2-1。

钢筋强度设计值(N/mm²)　　　　　　　　　　表 2-13

种类	f_y	f'_y
HPB300	270	270
HRB335、HRBF335	300	300
HRB400、HRBF400、RRB400	360	360
HRB500、HRBF500、RRB500	435	435

注：《混凝土结构设计规范》GB 50010—2010 表 4.2.3-1

【混凝土构件的保护层厚度】（mm）纵向受力的普通钢筋及预应力钢筋，其混凝土保护层厚度不应小于钢筋的公称直径，且应符合表 2-14 的规定。结构外围、天面、水土接触的混凝土构件保护层厚度需人工在构件的几何属性中设置。保护层厚度为箍筋外皮到混凝土表面的尺寸。

混凝土结构的环境类别　　　　　　　　　　表 2-14

环境类别	条件
一	室内干燥环境； 无侵蚀性静水侵没环境
二 a	室内潮湿环境； 非严寒和非寒冷地区的露天环境； 非严寒和非寒冷地区的露天环境与无侵蚀性水或土壤直接接触的环境； 严寒和寒冷地区的冰冻线以下与无侵蚀性的水或土壤直接接触的环境
二 b	干湿交替环境； 水位频繁变动环境； 严寒和寒冷地区的露天环境； 严寒和寒冷地区冰冻线以上与无侵蚀性的水或土壤直接接触的环境
三 a	严寒和寒冷地区冬季水位变动区的环境； 受除冰盐影响环境； 海风环境
三 b	盐渍土环境； 受除冰盐作用环境； 海岸环境
四	海水环境
五	受人为或自然的侵蚀性物质影响的环境

注：《混凝土结构设计规范》GB 50010—2010 表 3.5.2

当使用年限为 50 年，按表 2-15 采用；当使用年限为 100 年，按表 2-15 的 1.4 倍采用。

混凝土保护层的最小厚度 C（mm） 表 2-15

环境类别	板、墙、壳	梁、柱、杆
一	15	20
二 a	20	25
二 b	25	35
三 a	30	40
三 b	40	50

注：《混凝土结构设计规范》GB 50010—2010 表 8.2.1

【混凝土热膨胀系数】和【钢热膨胀系数】（1/℃）混凝土热膨胀系数缺省为 $1.0e^{-5}$，钢热膨胀系数缺省为 $1.2e^{-5}$，用于计算温度荷载下等效节点力。

【钢构件的容重】（kN/m³）一般取钢自重 77kN/m³，饰面材料自重 1kN/m³，折算后自重为 78 kN/m³。

【钢和型钢构件牌号】（1 为 Q235、2 为 Q345、3 为 Q390、4 为 Q420）强度设计值按《钢结构设计规范》GB 50017—2003 确定。

【钢构件净截面和毛截面比值】（≤1.0）考虑钢构件开孔对刚度的削弱，缺省为 0.95。

6. 地下室信息

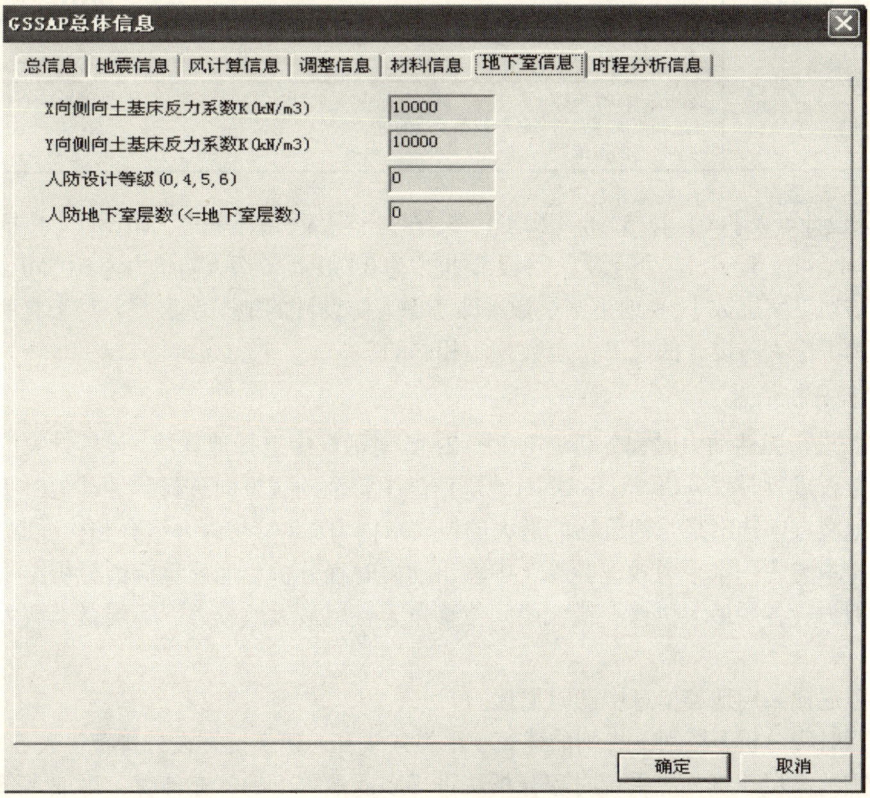

图2-14 地下室信息

【X向基床反力系数K】和【Y向基床反力系数K】（kN/m³）对有侧约束的地下室各层加上侧向弹簧以模拟地下室周围土的作用。"X向侧向土基床反力系数"和"Y向侧向土基床反力系数"按表2-16取值，可根据实际情况乘一折减系数。当为0时，有侧约束地下室侧壁不受任何约束，当为$1.0e^6$时，有侧约束地下室侧壁接近嵌固。

基床反力系数　　　　　　　　表2-16

地基一般特性	土的种类	K（kN/m³）
松软土	流动砂土、软化湿黏土、新填土、 流塑黏性土、淤泥质土、有机质土	1000~5000 5000~10000
中等密实土	黏土及亚黏土：软塑的 　　　　　　可塑的 轻亚黏土：软塑的 　　　　可塑的 砂土：松散或稍密的 　　中密的 　　密实的 碎石土：稍密的 　　　中密的 黄土及黄土亚黏土	10000~20000 20000~40000 10000~30000 30000~50000 10000~15000 15000~25000 25000~40000 15000~25000 25000~40000 40000~50000
密实土	硬塑黏土及亚黏土 硬塑轻亚黏土 密实碎石土	40000~100000 50000~100000 50000~100000
极密实土	人工压实的填亚黏土、硬黏土	100000~200000
坚硬土	冻土层	200000~1000000
岩石	软质岩石、中等风化或强风化的硬质岩石 微风化的硬质岩石	200000~1000000 1000000~15000000
桩基	弱土层内的摩擦桩 穿过弱土层达到密实砂层或黏土层的桩 打至岩层的支承桩	10000~50000 50000~150000 8000000

【人防设计等级】（0，4，5，6）考虑4、5、6三个等级，0不考虑人防设计。按抗力分1、2、2b、3、4、4b、5、6，八个等级。5级人防抗力为0.1MPa，6级人防抗力为0.05MPa。

【人防地下室层数】（≤地下室层数）即考虑人防设计的地下室层数。对于有些工程地下室层数和考虑人防设计的地下室层数是不相同的。

7. 时程分析信息

GSSAP进行弹性动力时程分析，先在图2-15对话框中选择地震波、设置计算峰值加速度和选择是否进行时程分析。GSSAP对地震信息中每个地震方向进行弹性动力时程分析，并在每一地震方向选出某时刻位移能最大的位移求内力，并参与内力组合和构件截面计算。同时在"文本方式—水平力效应验算"中输出动力时程分析和地震反应谱分析结果比较：结构底部剪力、各层最大位移、最大层间位移角、各层最大地震力、各层最大剪力和各层最大弯矩。

结构阻尼比采用地震信息中的阻尼比。

【进行时程分析】特别不规则的建筑、甲类建筑和《建筑抗震设计规范》表5.1.2-1所列高度范围的高层建筑，应采用时程分析法进行多遇地震下的补充计算，可取多条时程曲线计算结果的平均值与振型分解反应谱法计算结果的较大值。

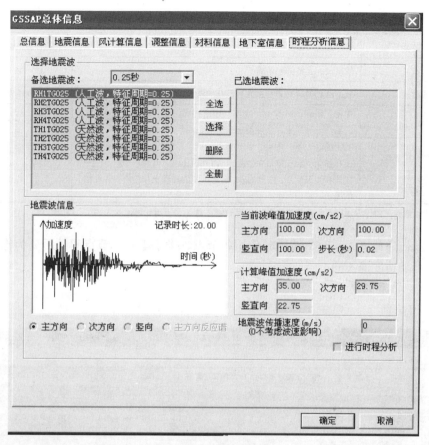

图2-15 时程分析信息

【地震波选择】地震波包括3类：特征周期0.25~0.9s的地震波、旧版地震波和用户地震波。应按建筑场地类别和设计地震分组选用实际强震记录和人工模拟的加速度时程曲线，其中实际强震记录的数量不应少于总数量的2/3。

【计算峰值加速度】对话框中显示光标所在的波峰值加速度，并根据抗震烈度设置计算要求的波峰值加速度。

计算单向地震弹性时程分析时，在相应的"峰值加速度"处输入正确的数值，其他"峰值加速度"置零；当进行双向地震弹性时程分析时，应在"主分量峰值加速度"和"次分量峰值加速度"处分别输入相应的数值（表2-17）。

峰值加速度表（cm/s^2） 表2-17

地震影响	6度	7度	7.5度	8度	8.5度	9度
多遇地震	18	35	55	70	110	140
罕遇地震	125	220	310	400	510	620

三向同时输入动力参数（加速度峰值或反应谱峰值）比例取：水平主向：水平次向：竖向=1.00：0.85：0.65。

【地震波传递速度】地震波传递速度按表2-18取值。

土的类型划分和剪切波速范围　　　　表 2-18

土的类型	岩土名称和性状	土层剪切波速范围（m/s）
岩石	较坚硬、完整的稳定岩石	$V_s>800$
坚硬土或软质岩石	破碎和较破碎的岩石或软和较软的岩石，密实的碎石土	$800 \geq V_s >500$
中硬土	中密、稍密的碎石土，密实、中密的砾、粗、中砂，$f_{ak}>150\text{kPa}$的黏性土和粉土，坚硬黄土	$500 \geq V_s >250$
中软土	稍密的砾、粗、中砂，除松散外的西、粉砂，$f_{ak}\leq150\text{kPa}$的黏性土和粉土，$f_{ak}>130\text{kPa}$的填土，可塑黄土	$250 \geq V_s >150$
软弱土	淤泥和淤泥质土，松散的砂，新近沉积的黏性土和粉土，$f_{ak}\leq130$的填土，流塑黄土	$V_s\leq150$

注：f_{ak}为由载荷试验等方法得到的地基承载力特征值(kPa)，V_s为岩土剪切波速。

地震波传递速度为零时，波同时作用各节点，大于零时，节点间的距离为作用滞后距离，各节点加速度值不同。

2.2.1.2 各层信息

1. 几何信息

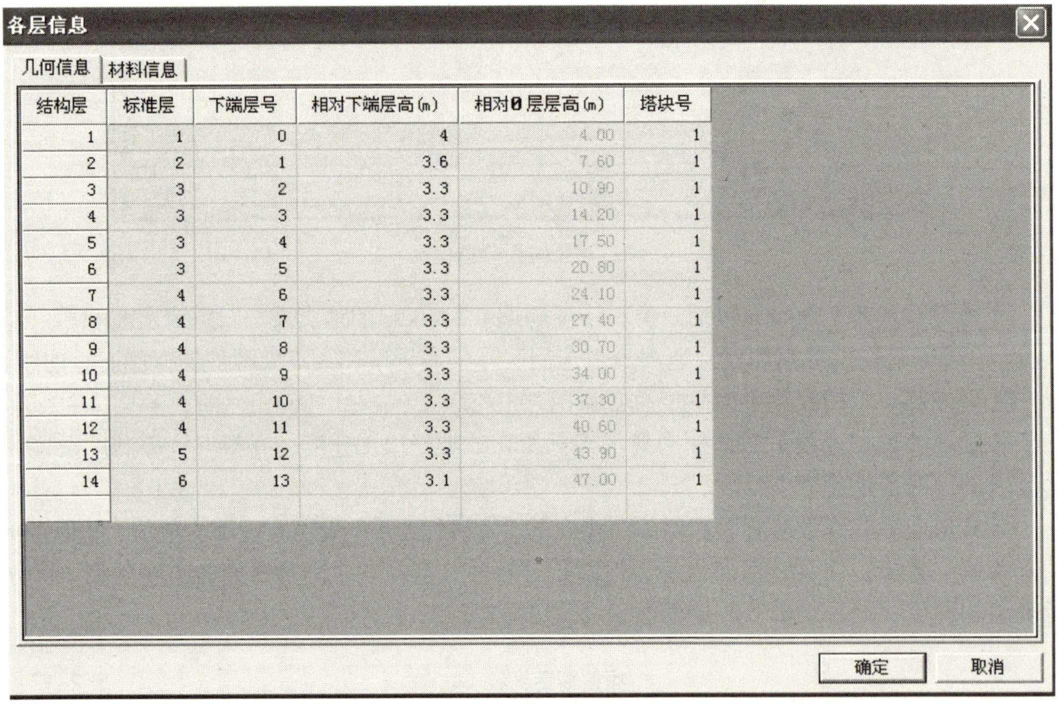

结构层	标准层	下端层号	相对下端层高(m)	相对0层层高(m)	塔块号
1	1	0	4	4.00	1
2	2	1	3.6	7.60	1
3	3	2	3.3	10.90	1
4	3	3	3.3	14.20	1
5	3	4	3.3	17.50	1
6	3	5	3.3	20.80	1
7	4	6	3.3	24.10	1
8	4	7	3.3	27.40	1
9	4	8	3.3	30.70	1
10	4	9	3.3	34.00	1
11	4	10	3.3	37.30	1
12	4	11	3.3	40.60	1
13	5	12	3.3	43.90	1
14	6	13	3.1	47.00	1

图2-16　几何信息

【标准层】在第 2 列输入结构层对应的标准层号，当输入某一结构层对应的标准层号后光标离开时，自动使后面输入结构层对应的标准层号大于等于输入的标准层号，如 1、2、3 结构层都是标准层 1，当输入结构层 2 对应的标准层号 2 后光标离开时，结构层 3 对应的标准层号自动为 2。

框架结构中平面布置、荷载完全相同的层为同一标准层，同一标准层中柱截面可以变化，录入系统中标准层的划分与层高、墙柱、梁、板混凝土等级无关。

纯砖混、底框和混合结构中每一结构层的抗震验算、轴力等都不同，所以每一结构平面划分为一个标准层（图2-17）。

【下端层号】、【相对下端层高】在第3和第4列输入每一结构层对应的下一结构层号和相对高度，当下一层号对应多个结构层时，选择其中一个结构层，结构层号前加负号。如图2-17多塔错层结构下一层和层高设置如下，结构2层的下一结构层是1层和0层，所以输入-1，结构6层的下一结构层是2。

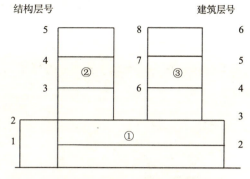

图2-17 建筑结构层简图

例题一中各层信息的几何信息输入：按住鼠标左键拖动选择第4列，点按鼠标右键弹出菜单，选择修改数据菜单，用于把选中的表格改为4m，二层3.6 m，3～13层每层层高3.3m，14层每层层高3.1m，第5列自动计算相对0层的绝对高度。

【塔块号】第6列输入结构层对应的塔块号，非多塔结构中所有结构层对应的塔块号为1。当输入某一结构层对应的塔块号后光标离开时，自动使后面的输入结构层对应的塔块号大于等于输入的塔块号，如1、2和3结构层都是标准层1，当输入结构层2对应的塔块2后光标离开时，结构层3对应的塔块号自动为2。

图2-17分3个塔块，结构层1和2对应塔1，结构层3、4、5对应塔2，结构层6、7、8对应塔3。

2. 材料信息

结构层	剪力墙柱砼等级	梁砼等级	板砼等级	砂浆强度等级	砌块强度等级	钢管混凝土柱砼弹性模量（≤80为砼等级）(kN/m2)	钢管混凝土柱砼抗压设计强度(kN/m2)	钢管混凝土柱钢管钢牌号(1-Q235, 2-Q345 3-Q390, 4-Q420)
1	35	25	25	5	7.5	25	0	1
2	30	25	25	5	7.5	25	0	1
3	30	25	25	5	7.5	25	0	1
4	30	25	25	5	7.5	25	0	1
5	30	25	25	5	7.5	25	0	1
6	30	25	25	5	7.5	25	0	1
7	30	25	25	5	7.5	25	0	1
8	30	25	25	5	7.5	25	0	1
9	30	25	25	5	7.5	25	0	1
10	30	25	25	5	7.5	25	0	1
11	30	25	25	5	7.5	25	0	1
12	30	25	25	5	7.5	25	0	1
13	30	25	25	5	7.5	25	0	1
14	30	25	25	5	7.5	25	0	1

图2-18 材料信息

【墙柱砼等级】输入墙柱混凝土等级,可输入 C18 和 C22 等非标准墙柱混凝土等级,计算时抗压强度设计值和标准值按线性插值处理。

按住鼠标左键拖动选择第 2 列,点按鼠标右键弹出菜单选择"修改数据"菜单,用于把选中的表格改为设计的混凝土强度等级。

【钢管混凝土柱材料】输入钢管混凝土柱的混凝土等级或弹性模量和抗压抗拉强度设计值。

2.2.2 轴线编辑

进入【轴线编辑】菜单,在左面的菜单栏分为轴网部分、轴线部分和标注部分(图 2-19)。

图2-19 轴线编辑

广厦程序有两种轴网线:【正交轴网】、【圆弧轴网】。

【正交轴网】点击【正交轴网】菜单,打开有两种输入法:【开间输入】、【网格输入】。

【开间输入】用于输入上下开间和左右进深相同或不相同的尺寸平面情况。

【网格输入】用于输入上下开间和左右进深相同的平面。

进入【开间输入】,输入开间的轴网,如图 2-20 所示。

在绘图板上任选一点作为正交轴网定位点,绘图板上出现图 2-21 所示。

当 X 轴与水平线有一定角度的情况下,在【转角】(【X 向与水平的夹角】)对话框中输入角度,转角以 X 轴逆时针转角为正。在图示框中点按鼠标左键可选择轴网任一交点为轴网定位点。利用此功能可进行轴网拼装。

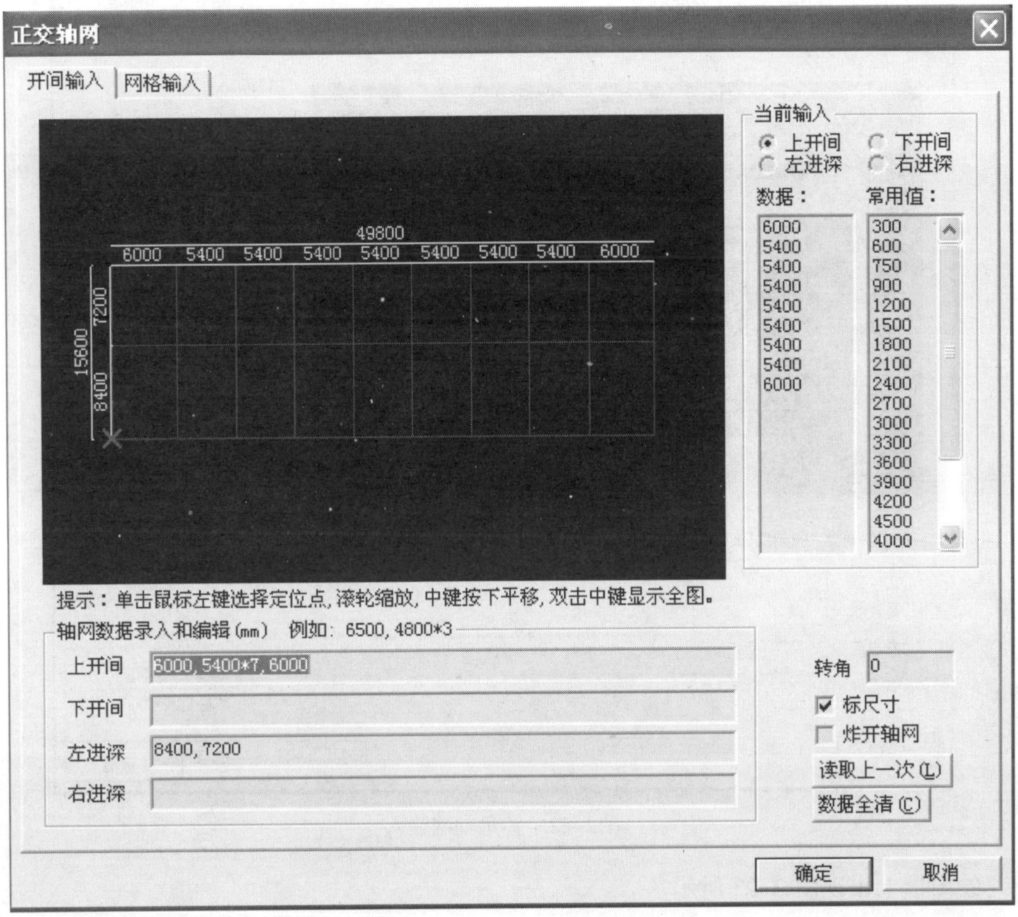

图2-20 正交轴网开间输入

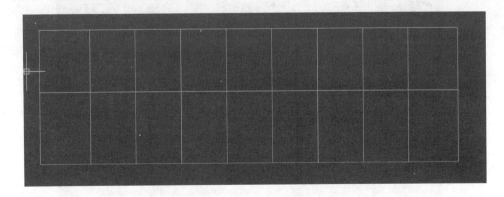

图2-21 正交轴网图

再次进入【正交轴网】，输入转角轴网，转角45°。

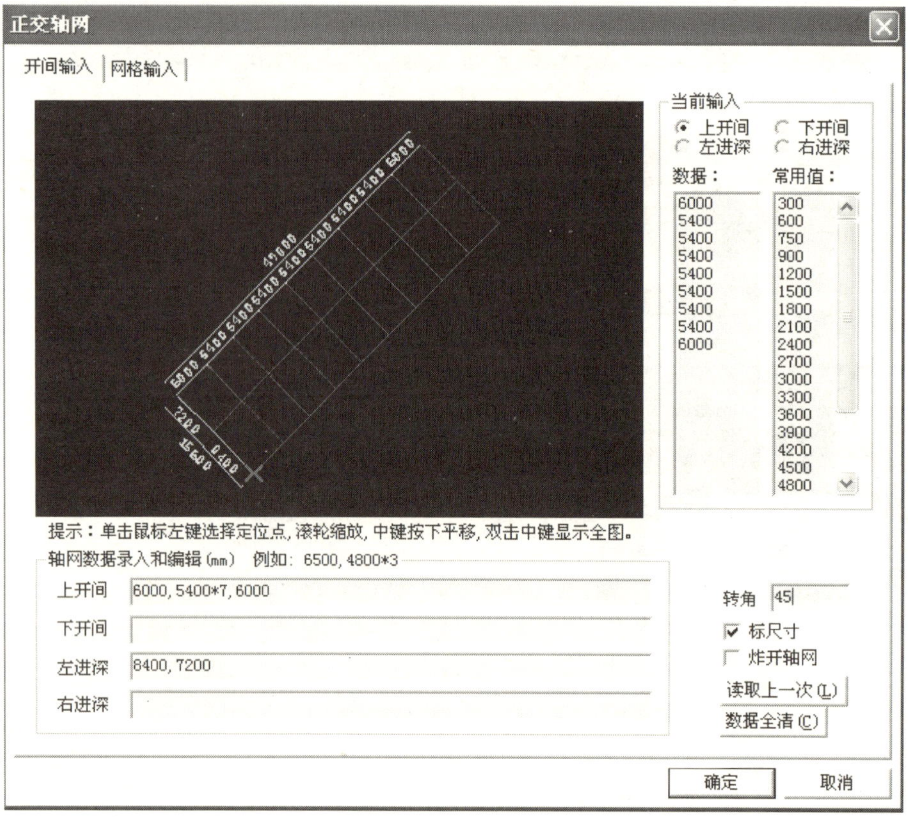

图2-22 转角轴网输入

绘图板上出现图 2-23 所示。

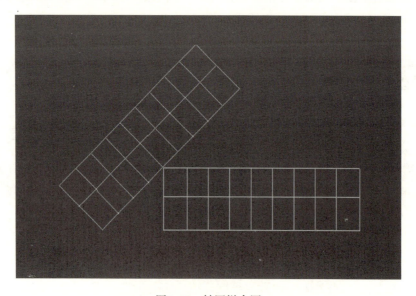

图2-23 轴网拼合图

【圆弧轴网】点击【圆弧轴网】菜单,打开有两种输入法:【开间输入】(图 2-24)、【网格输入】(图 2-25)。

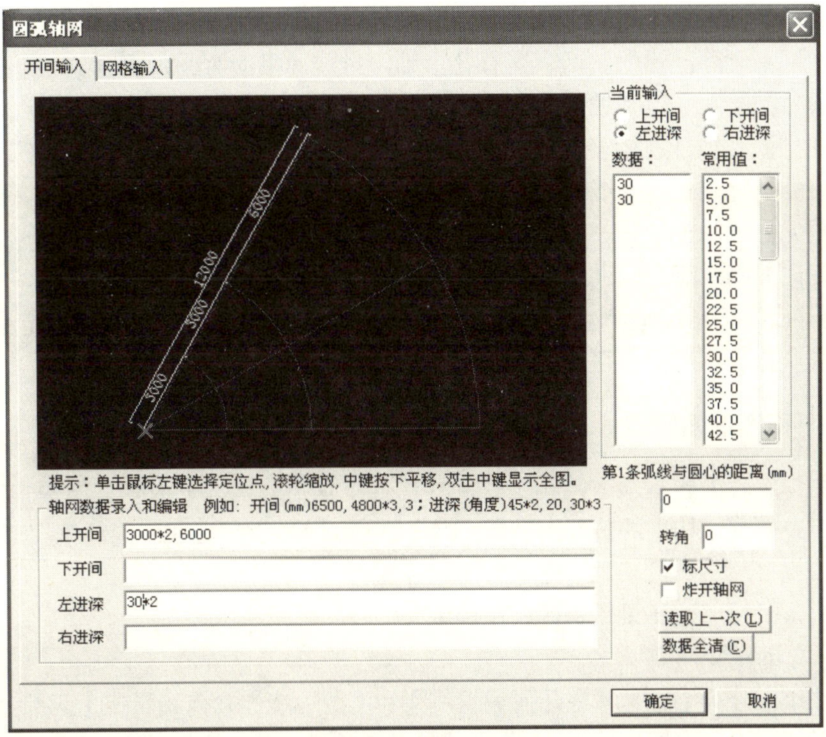

图2-24 圆弧开间轴网

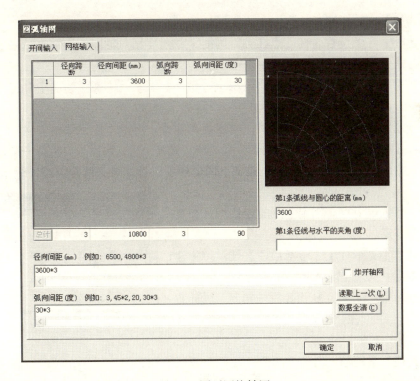

图2-25 圆弧网格轴网

【开间输入】开间输入法用于输入上下开间和左右进深尺寸相同或不相同的轴网平面。

【网格输入】网格输入法用于输入上下开间和左右进深尺寸相同的轴网平面。

【删除轴网】删除已建的轴网。当有几个轴网拼装的平面时，每次删除一个轴网。

【定义轴号】给轴线定义轴号。点选一条轴线输入起始的轴线编号。

【编辑轴号】对轴号进行编辑。

【标注尺寸】标注任意轴线间的距离。

【删除图元】删除辅助线、轴号和尺寸线。

【测量距离】测量点、辅助线、直线梁和墙之间的距离。

【定义塔块】采用多边形封闭折线指定塔块（刚性区域），一个平面最多指定十个塔块。

【显示塔块】显示用户指定的塔块范围和塔块号。

2.2.3 平面图形编辑

【平面图形编辑】包括输入结构构件和在构件上加荷载两部分内容，结构构件包括墙柱、梁、楼板及砖混结构中的砖墙。砖混结构中的砖墙输入在"2.3 砖混结构模型的录入"部分讲解。

在构件输入时按墙柱—梁—板的顺序输入。

2.2.3.1 墙柱输入

剪力墙柱录入分为【剪力墙柱几何编辑一】和【剪力墙柱几何编辑二】两部分，【剪力墙柱几何编辑一】主要为墙柱录入，【剪力墙柱几何编辑二】为调整修改。

以下分别介绍：

【轴点建柱】在轴线端点和交点布置矩形柱。

【一点建柱】任意位置建柱。点在轴网内时，柱角度相对轴网的局部坐标来定位；在轴网外时，柱角度相对当前用户坐标系来定位。

【两点建墙】、【轴线建墙】、【距离建墙】、【延伸建墙】及【圆弧建墙】5 种方式布置剪力墙。

【连梁开洞】将剪力墙肢一分为二，并用连梁连接，点按【连梁开洞】，弹出图 2-26 对话框，连梁宽度自动默认为墙厚，连梁长度为洞口宽度，连梁高度为"层高—洞口高度"。离墙肢端距离为洞口边与剪力墙一端的距离，用鼠标左键选择剪力墙左右端，用鼠标右键为墙中开洞。

【虚柱】布置虚节点。指定节点的定位点，节点为计算的一个节点。

【L 形柱】、【T 形柱】、【十字形柱】任意位置建异形柱。此功能中鼠标左键点取已输入的 L、T、十字形柱，柱将逆时针旋转 90°，从而控制柱角度，鼠标右键点取 L、T、十字形柱，B、H 与 B1、H1 交换，从而长短肢可互换以控制尺寸。

图 2-26 连梁信息录入

【两点斜柱】指定输入斜柱的两个点及相对该层的标高建立斜柱。可在平面、立面、三维图中输入。

【距离斜柱】指定已有杆件的某点为斜柱的一端点输入斜柱。可在平面、立面、三维图输入。

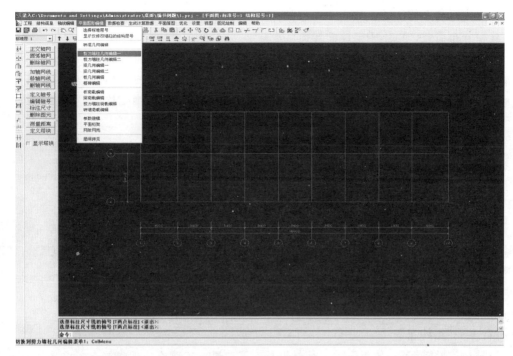

图2-27 墙柱输入

【两点斜柱】指定输入斜柱的两个点及相对该层的标高建立斜柱。可在平面、立面、三维图中输入。

【距离斜柱】指定已有杆件的某点为斜柱的一端点输入斜柱。可在平面、立面、三维图输入。

【删墙柱】墙柱多余时可进行删除。

【改柱截面】修改柱截面尺寸,可进行多层修改。

【改墙厚度】修改剪力墙厚度,可进行多层修改。

【X向左平】、【X向右平】、【Y向上平】、【Y向下平】指定墙、柱的左右边;上下边与轴网线的距离,即平收距离。

【偏心对齐】修改墙、柱、梁、砖墙中线或边线对齐。

【移动墙柱】墙柱移动距离 X,Y(mm,mm)为向上或向右正值,相反则为负值。并按提示确定与之相连的构件是否联动。

【换柱截面】把当前层柱的某一截面替换为另一截面尺寸,可多层修改。

【换墙截面】把当前层墙的某一截面替换为另一截面尺寸,可多层修改。

【改异形柱】修改异形柱截面尺寸,可多层修改。

【墙上开洞】在剪力墙的任意高度开洞口,此功能与连梁开洞有所不同,洞底不需落到楼面。

【删墙上洞】删除在剪力墙上开的洞口。

【长度系数】可设置 X、Y 向计算长度系数,0 按规范自动计算,X 计算长度系数对应 X 向水平力计算,Y 计算长度系数对应 Y 向水平力计算。若平面中某墙、柱长度系数与该项不同可在构件属性中调整。

【修改标高】修改墙柱相对于本层的标高，导荷时自动增大所有与之相连梁、板的均布荷载和分布荷载，可用于斜屋面导荷。

【抗震等级】总体信息指定整个结构墙柱的抗震等级，若平面中某墙、柱抗震等级与总体信息中不同可在此设置，相应的计算和构造程序自动处理，缺省值每根墙柱的抗震等级为-1，表示与总体信息中的设置相同。此设置也可在构件属性中调整。

【布置柱帽】板柱结构当抗剪不够时需要在柱上端设置柱帽。

【删除柱帽】柱帽布置有误可以进行删除。

【设柱连接】用于弹塑性分析。

【设墙隔震】用于弹塑性分析。

下面以一个框架-剪力墙结构的例题来说明建模和设计的过程。

例题一：某12层综合办公楼，属丙类建筑。抗震设防烈度为7度，场地类别Ⅱ类，设计地震分组为第一组，基本风压 $\omega_0=0.5\text{kN/m}^2$，地面粗糙度为B类。工程的建筑平、剖面示意图见图2-28~图2-30，地下室一层，层高4m，首层3.6m，二~十二层层高均为3.3m，楼电梯间层高3.1m，剪力墙门洞高均取2.2m，内、外围护墙选用加气混凝土砌块，墙厚190mm。

解：一、结构布置

经过对建筑高度、使用要求、材料用量、抗震要求、造价等因素综合考虑后，采用钢筋混凝土框架—剪力墙结构。

混凝土强度等级选用：梁、板：C25；墙、柱地下室层为C35，二~十四层为C30。

按照建筑设计确定的轴线尺寸和结构布置原则进行布置。剪力墙除电梯井及楼梯间布置外，在②、⑥、⑨轴各设一道墙。二~十二层结构布置平面图如图2-28所示。

二、确定柱截面尺寸

本结构框架抗震等级为三级，查《建筑抗震设计规范》表6.3.6，轴压比限值 $\mu_N=0.90$；办公楼荷载相对小，取 $q_k=12\text{kN/m}^2$；楼层数 $n=13$（主体结构）；弯矩对中柱影响较小，取弯矩影响调整系数 $\alpha=1.1$；地下室墙柱采用C35混凝土，$f_c=16.7\text{N/mm}^2$，首层墙柱采用C30混凝土，$f_c=14.3\text{N/mm}^2$；恒、活载分项系数的加权平均值 $\bar{\gamma}=1.25$。

地下室层中柱负荷面积：$A=5.4\left(\dfrac{7.2}{2}+\dfrac{8.4}{2}\right)=42.12\text{m}^2$

$$= A_c = \frac{\alpha \cdot \bar{\gamma} \cdot q_k \cdot A \cdot n}{\mu_N \cdot f_c} = \frac{1.1\times 1.25\times 12\text{kN/m}^2 \times 42.12\text{m}^2 \times 13\times 10^3}{0.90\times 16.7\text{N/mm}^2}=601113.77\text{mm}^2$$

边长为0.77m，于是柱边长取 $a=0.8\text{m}$。

地下室层边柱负荷面积 $A=5.4\times 8.4/2=22.68\text{m}^2$，取 $\alpha=1.2$，其余参数与中柱相同。

$A_c=a^2=0.3531\text{m}^2$ 于是柱边长取 $a=0.6\text{m}$。

用与地下室层类似的做法可得各层柱截面尺寸，考虑到各柱尺寸不宜相差太大以及柱抗侧移刚度应有一定保证，因此初选柱截面尺寸为：

第二、三标准层，即二~六层中柱800mm×800mm，边柱600mm×600mm；

第四、五标准层，即七~十二层中柱600mm×600mm，边柱500mm×500mm；剪力墙厚250mm。

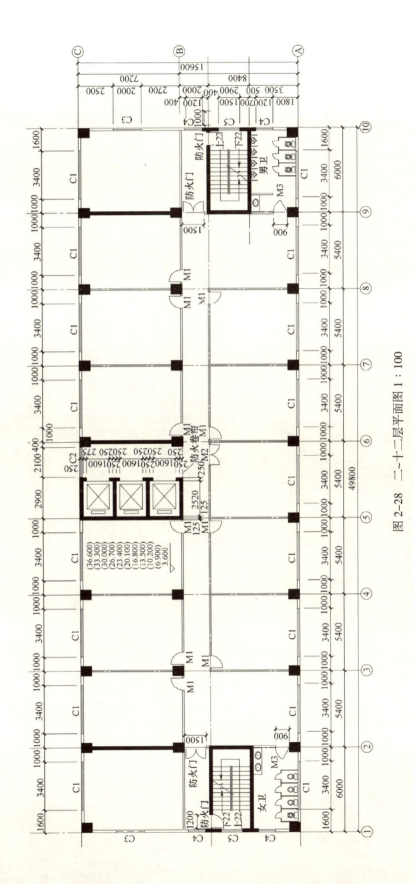

图 2-28 二~十一层平面图 1:100

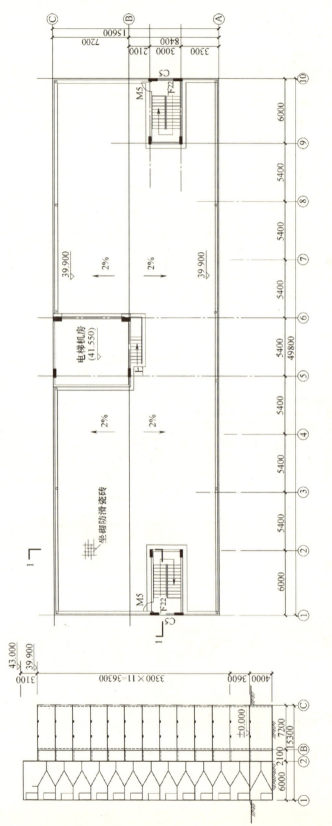

图2-29 屋面平面图及剖面图 1:100

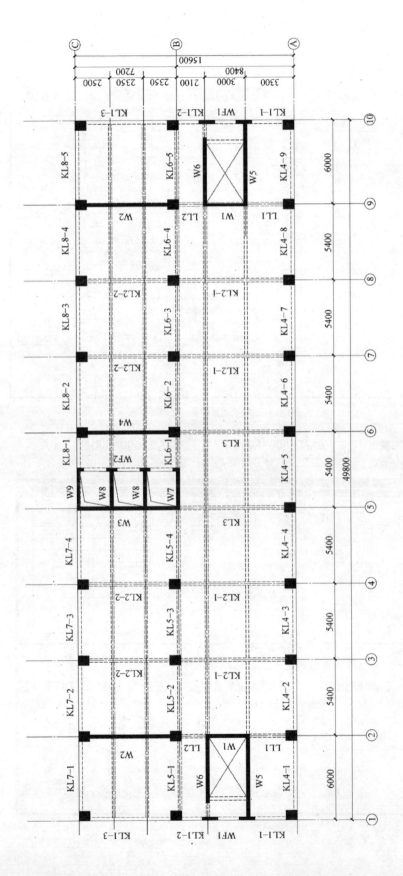

图 2-30 二~十二层结构布置图 1:100

三、布置墙、柱及连梁开洞

进入柱截面尺寸菜单,见图2-31,1、3默认为混凝土柱;12默认为钢管混凝土柱;13、14、15、16默认为型钢混凝土柱;其余默认为钢柱。

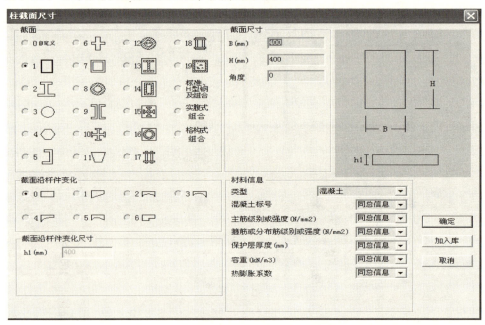

图2-31 柱截面尺寸

选择本设计的柱截面尺寸:$B×H$:800×800(1~6层中柱)、600×600(1~6层边柱、7~14中柱)、500×500(7~13层边柱、14层柱)加入库,见图2-32。

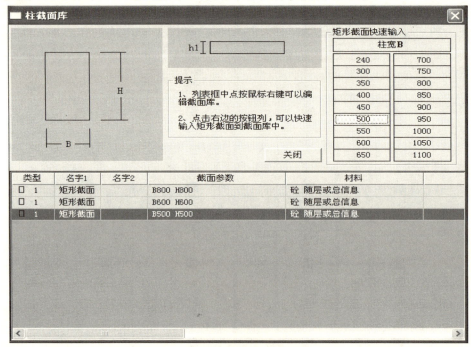

图2-32 柱截面库

选定800×800柱截面,点按[轴点建柱],窗选Ⓑ轴线布柱;选定600×600柱截面,点按[轴点建柱],窗选Ⓐ、Ⓒ轴线布柱,见图2-33。

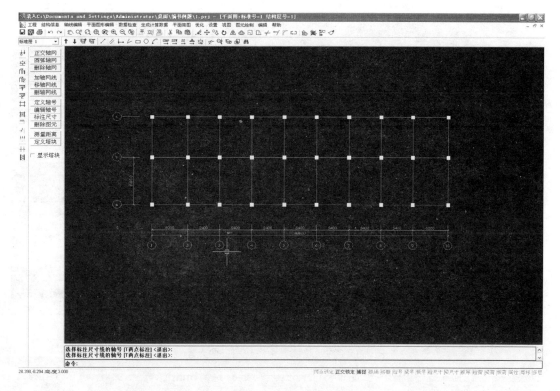

图2-33 轴点建柱

点按[轴线建墙],点选墙厚对话框,弹出图2-34修改墙体厚度为250mm,偏心Ⓐ=0,点选②、⑤、⑥、⑨轴线的Ⓑ-Ⓒ段布置剪力墙(图2-34)。

图2-34 轴线建墙参数

点按[距离建墙],点选①轴Ⓐ-Ⓑ段轴线的下端,提示栏提示:离左/下部距离,输入3300,将鼠标移到②轴Ⓐ-Ⓑ段轴线的下端,同样按提示输入3300。完成了一条墙的输入,点选②轴Ⓐ-Ⓑ段轴线的上端,提示栏提示:离右/上部距离,输入2100,将鼠标移到②轴Ⓐ-Ⓑ段轴线的上端,同样按提示输入2100(图2-35)。

点按[两点建墙],点选①轴两条剪力墙的端点,形成一段新剪力墙,点选②轴两条剪力墙的端点,形成了剪力墙筒体。同理建立右边楼梯间筒体和电梯间筒体。

点按[Y向上平],提示栏提示:上边线与轴线的距离[mm],输入0,窗选Ⓒ轴线上的电梯井墙,该剪力墙外边线与轴线平齐。见图2-36。

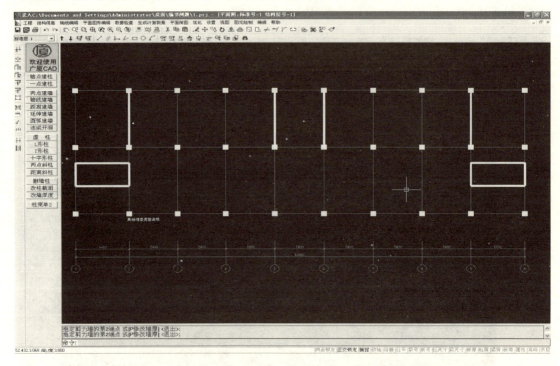

图2-35 轴线建墙、距离建墙、两点建墙

点按[Y向下平],提示栏提示:上边线与轴线的距离[mm],输入100,窗选Ⓑ轴线上的电梯井墙,该剪力墙外边线与轴线相距100mm(轴线通过墙中,墙厚200)。见图2-36。

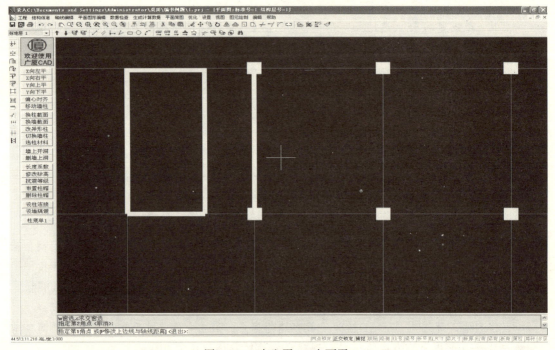

图2-36 Y向上平、Y向下平

点按［连梁开洞］，弹出图2-25对话框，离墙肢端距离：0；连梁长度：1200；连梁高度：（层高3600—洞口高2200=1400）。点选①-②轴线楼梯间剪力墙左端，出现洞口。同理处理另一楼梯间和电梯间的洞口，见图2-37。

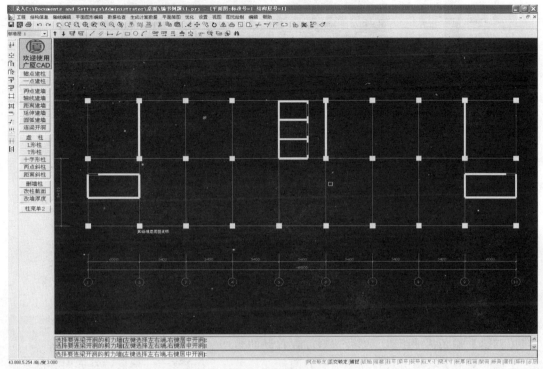

图2-37　连梁开洞

2.2.3.2 梁输入

广厦程序将梁分为主梁和次梁，主梁和次梁都进入通用有限元分析。主梁之间搭接无主次级别，次梁由输入的先后次序决定它们之间的级别，后建的次梁搭在先建的次梁上。井字梁、复杂阳台周边的梁按主梁输入（图2-38）。

录入系统不输入轴线也可输入主次梁，有5种快速定位方法：两点主次梁、轴线主次梁、距离主次梁、圆弧主次梁和延伸布置悬臂梁。

【两点主梁】选择两点在其连线建主梁。用于在剪力墙、柱和砖墙相交点间建主梁。

【距离主梁】根据构件的左右端距离来建主梁。

【轴线主梁】沿选择的轴网线或辅助线建立主梁。

【圆弧主梁】沿圆或者弧线建立主梁。

【两点次梁】、【距离次梁】、【轴线次梁】、【圆弧次梁】与建立主梁方法相同。

【建悬臂梁】创建有内跨梁的悬臂主梁。

【两点斜梁】、【距离斜梁】与建立【两点斜柱】、【距离斜柱】方法相同。

【删梁】可以删除输入有误的梁。

【清理虚柱】清理多余虚柱，自动合并主次梁。

【改梁截面】修改某一梁的截面尺寸。可多层修改。

【改梁标高】修改梁相对楼面的标高。可多层修改。

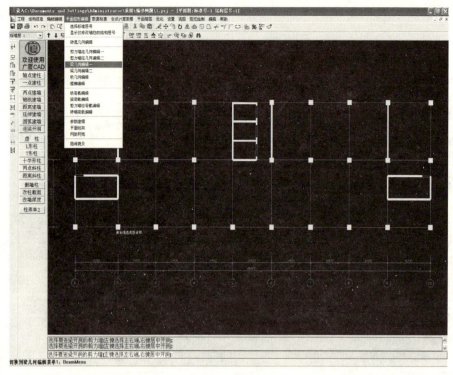

图2-38 梁输入

【移梁】输入移动距离,然后选择需要移动的梁。

【偏心对齐】有梁边对齐和梁中对齐两种选择,先选择参考物,然后选择要对齐的梁。

【指定悬臂】将已经建模的梁指定为悬臂梁,悬臂梁梁端弯矩不调幅。

【指定铰接】指定或取消梁端铰接边界条件。可多层同时指定。

【抗震等级】在总体信息中可指定整个结构梁的抗震等级,若平面中某根梁的抗震等级与总体信息中的不同,可在此设置,相应的计算和构造程序自动处理,也可以在构件属性中设置。缺省为每根梁的抗震等级为–1,表示与总体信息中的设置相同。

【换梁截面】将已输入的某一截面的全部梁用另一截面梁替换,该功能不同于【改梁截面】。

【内力增大】、【连梁折减】、【增大梁刚】、【增梁中弯】、【折减梁扭】、【梁端调幅】该调整系数用于不按总体信息中取值对特定梁的调幅系数,也可从构件属性中调整。

【梁侧开洞】选择需要开洞的梁,然后设置洞口大小,用于梁中需要穿管设计。

【删梁洞口】删除输入有误的梁侧洞口。

【设梁连接】用于弹塑性分析。

续例题一:

确定梁截面尺寸

横向框架梁最大计算跨度 l_b=8.275m,梁高取 h_b=(1/10~1/18)l_b=0.828~0.460m,梁宽度 b=(1/2~1/4)h_b,初选地下室梁高 800mm;梁宽 250mm;其余各层梁截面 700mm×250mm。

对纵向框架梁与横向类似的计算,可取截面尺寸:地下室 500mm×250mm,其余层为 450mm×250mm。LL_1、LL_2 取 250mm×400mm,其他非框架梁取 200mm×400mm。

布置主、次梁：

进入梁截面菜单，见图2-39。

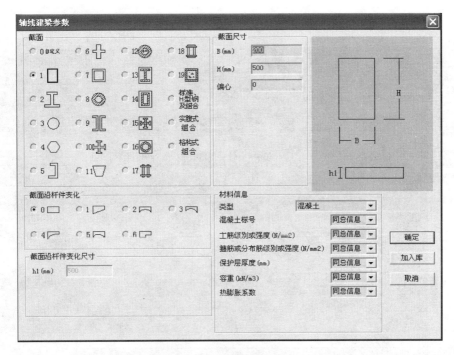

图2-39 选择梁截面尺寸

将选择的梁截面加入梁截面库，见图2-40。

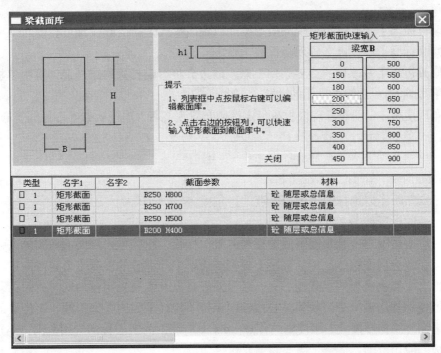

图2-40 梁截面库

选择需要的截面，点按【轴线主梁】，选择要布置主梁的轴线，布主梁后显绿色。选择次梁截面，点按【距离次梁】、【两点次梁】布置次梁，布次梁后显蓝色。如图2-41。

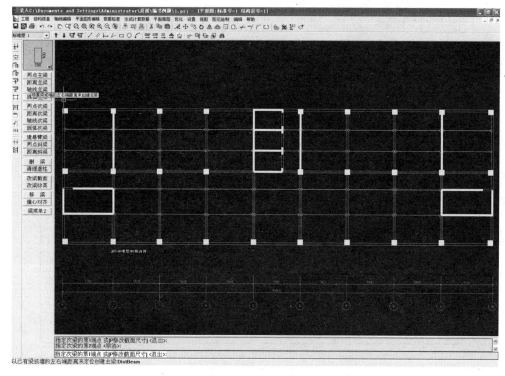

图2-41　轴线主梁　距离次梁　两点次梁

2.2.3.3　板输入

【改板截面】修改已布置现浇板的厚度或截面形式，如实心板改空心板。

【修改标高】修改已布置现浇板的标高。

【修改边界】修改板的边界条件，修改的边界将影响楼板次梁砖混计算中单板计算的结果，不影响 GSSAP 板壳单元的计算。

【布现浇板】自动布置现浇板或指定区域布置现浇板。现浇板有实心板和空心板两种。

注：当不能布板时应进行检查：(1)查看板边梁是否封闭；(2)选择"主菜单-数据检查"；(3)按 F4 显示构件的连接关系图，检查封闭区域周边节点与杆件连接关系，每个节点应显示为空心圆圈，当有线穿过时此线表示的杆件有问题，删除重新输入。

【角点布板】以选择的角为边界点进行布板。

空心板的设置如图 2-42 所示：

现浇空心楼板是一种预制空腔的钢筋混凝土楼板，空腔可采用两端封闭的高强复合薄壁管或高强复合薄壁箱体。钢筋混凝土板掏空板厚中间部分的混凝土形成双向连续的现浇空心楼板，不影响楼板的承载能力，在减轻楼板自重及混凝土用量的同时，因荷载减轻地震力降低使钢筋用量减少。现浇空心楼板即保持了楼板平面内受力连续、刚度好的特点，又保持平面外结构厚度大、刚度好的优点。4m 左右跨度为实心板的应用范围，8~12m 跨度为空心板的应用范围，适合于商业和工业建筑。

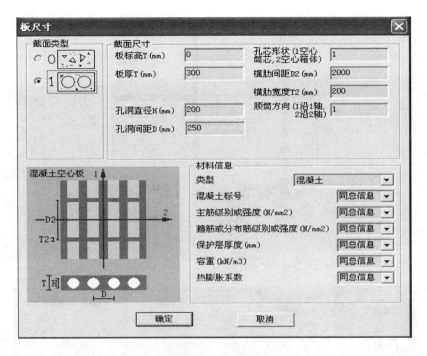

图2-42 空心板设置

【布预制板】选择预制板型号，按横向或竖向放置预制板。

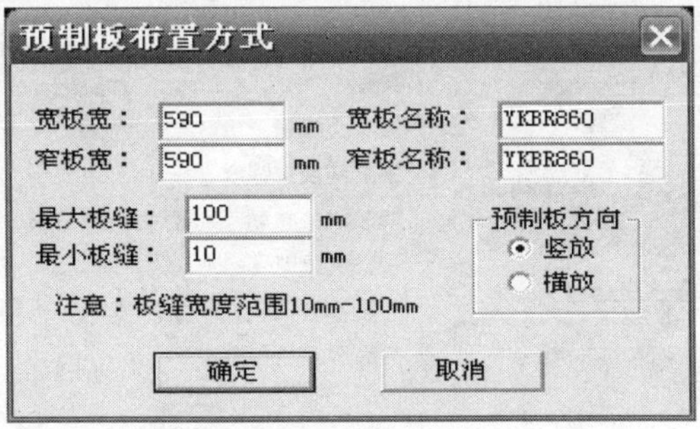

图2-43 预制板布置方式

【删板】删除已布的板。

飘板：飘出的板外沿用虚梁(宽度 B=0)围成，板导荷模式采用周长导荷模式。点按参数窗口，把 B 改为零，修改梁截面，见图 2-44。

续例题一：

四、确定板厚

根据《高层建筑混凝土结构技术规程》板的最小厚度不小于 80mm、顶层屋面板板厚取 120mm，地下室顶板厚取 160mm。楼板按双向板短向跨度的 1/50 考虑，板厚 $h \geqslant L/50=3300/50=66mm$；考虑到保证结构的整体性，楼板厚选 $h=100mm$。

布置现浇板：点按板厚窗，弹出图 2-45 板厚、标高对话框，输入板厚 100mm，标高 0mm（相对本层标高）。

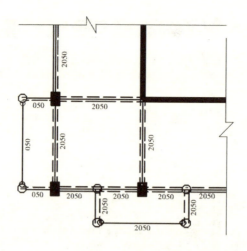

图2-44 飘板录入

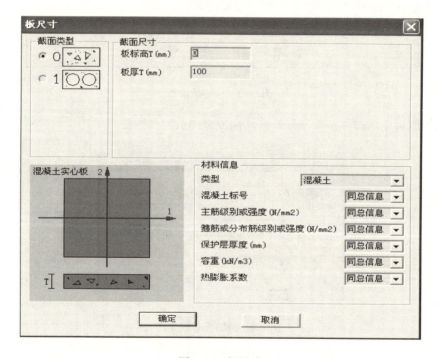

图2-45 板尺寸

点按【布现浇板】，窗选整个结构布现浇板；

点按【删板】删除电梯间、楼梯间的板。

梁、柱墙的设计属性如图 2-47 所示。

梁设计属性：

【转换梁】托柱的梁为转换梁，托墙的梁为框支梁。框支梁控制适用于所有转换梁；转换梁属性有三个选择：非转换梁、转换梁和框支梁。在"生成 GSSAP 计算数据"时，转换梁和框支梁由程序自动判断，也可人工设置。在"图形方式-构件信息-梁设计属性"中可查询自动判断的结果。

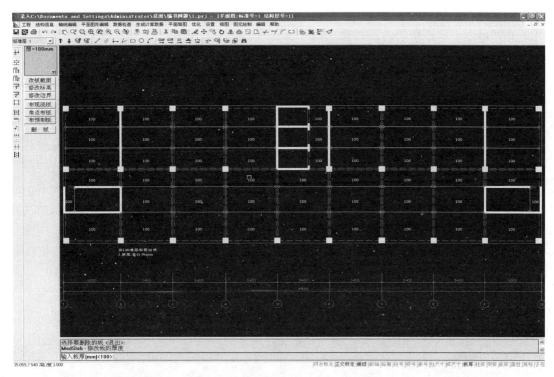

图2-46 布现浇板、删板、改板厚

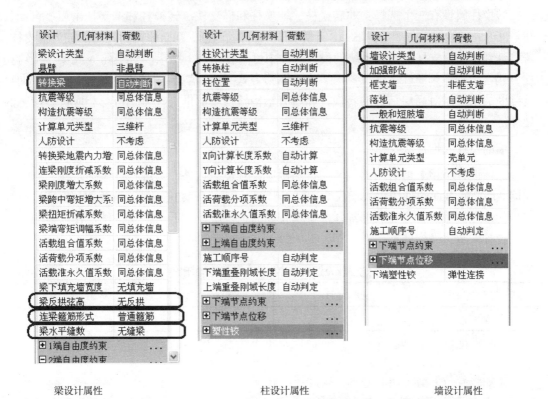

梁设计属性　　　　　　　　柱设计属性　　　　　　　　墙设计属性

图2-47 梁柱墙设计属性

程序对转换梁和框支梁分别进行相应抗震措施的处理：最小配筋率、加密区箍筋的最小面积配筋率、最小抗剪截面验算。

【梁反拱弦高】当平法配筋计算挠度不满足要求需增加钢筋时，会自动扣除梁反拱弦高，增加了设计人员对挠度过大梁的一种处理办法。平法施工图计算挠度时自动扣除反拱。

【连梁箍筋形式】可选择连梁的箍筋形式：普通箍筋、对角斜筋、分段封闭和综合斜筋。连梁受弯承载力扣除斜筋的投影承载力，跨高比<2.5 的连梁受剪截面和斜截面受剪承载力按《混凝土结构设计规范》GB 50010—2010 第 11.7.10 条验算，否则按普通箍验算。当连梁的箍筋形式选择对角斜筋或综合斜筋时，若斜筋面积大于《混凝土结构设计规范》GB 50010—2010 第 11.7.11 的构造要求，"超筋超限警告"文本中会提示所需的斜筋面积。

【梁水平缝数】跨高比不大于 2 的高连梁，宜设水平缝形成双连梁、多连梁或采取其他加强受剪承载力的构造。程序自动等效连梁的计算宽度为实际连梁宽度的 2 倍，高度与小截面连梁相等，按缝数等分，如 200mm×1000mm 连梁等效为 400mm×500mm，按 400mm×500mm 参与计算，纵筋和箍筋手工等分分配给各小连梁。

采用特殊配箍方式提高了连梁的抗剪能力，而设水平缝形成双连梁或多连梁减少了抗弯刚度以减少连梁承担的剪力。连梁抗剪承载力不够时建议优先选择多连梁。多连梁和特殊配箍方式可同时选择。

柱设计属性：

【转换柱】转换梁的柱为转换柱，转换墙的柱为框支柱。

转换柱属性有三个选择：非转换柱、转换柱和框支柱。转换柱和框支柱由程序自动判断，也可人工设置。在"生成 GSSAP 计算数据"时自动判断，判断原则为托墙的柱为框支柱，若自动判定为框支柱，录入系统的设计属性中可查看到判定结果。对于柱 A 托梁，梁再托柱 B 情况，程序判断柱 A 是转换柱。在"图形方式-构件信息-墙柱设计属性"中可查询自动判断的结果。对高层结构的转换柱和所有结构转换墙的框支柱分别进行相应抗震措施的处理。

墙的设计属性：

【墙设计类型】剪力墙两端和洞口两侧应设置边缘构件，边缘构件包括暗柱、端柱和翼墙。墙肢底截面的轴压比大于表 2-19 的规定一、二、三级抗震墙，以及部分框支抗震墙结构的落地抗震墙，应在底部加强部位及相邻的上一层设置约束边缘构件，在以上的其他部位设置构造边缘构件。

抗震墙设置构造边缘构件的最大轴压比　　　　　　　　表 2-19

抗震等级或烈度	一级（0.9度）	一级（07、0.8度）	二、三级
轴压比	0.1	0.2	0.3

注：参考《建筑抗震设计规范》GB 50011—2010 表 6.4.5-1。

【加强部位】剪力墙底部加强区的控制高度：

1. 从地下室顶板起算，有侧约束地下室向下延伸一层，若有侧约束地下室层数等于最大嵌固层不再向下延伸。

2. 部分框支抗震墙结构的抗震墙，其底部加强部位的高度，可取框支层加框支层以上二层的高度及落地抗震墙总高度的 1/10 二者的较大值；其他结构的抗震墙，其底部加强部位的高度可取墙肢总高度的 1/10 和底部二层二者的较大值，房屋高度不大于 24m 时，底部加强部位可取底部一层。

当结构计算嵌固端位于地下一层底板及以下时，底部加强部位尚宜向下延伸到地下部分的计算嵌固端。

【一般和短墙】短肢剪力墙是指截面厚度不大于 300mm、各肢截面高度与厚度之比的最大值大于 4 但不大于 8 的剪力墙。当结构形式定义为短肢剪力墙时，程序自动判定某段墙是否短肢剪力墙。

2.2.4 荷载编辑

2.2.4.1 板荷载

1. 板的荷载模式：板有五种导荷模式，见图 2-48。
设置当前荷载模式为双向板导荷模式；
设置当前荷载模式为单向板长边导荷模式；
设置当前荷载模式为单向板短边导荷模式；
设置当前荷载模式为面积分配法导荷模式；
设置当前荷载模式为周长分配法导荷模式。
前三种用于近似矩形的板，后二种用于非规则的板。

2. 板的荷载值：除预制板外，程序自动计算剪力墙、现浇板、梁和砖混结构中砖墙的自重。框架结构中填充砖墙作为梁上荷载输入。板荷载分恒载和活载；恒载一般指装修荷载，活载指使用荷载，按《建筑结构荷载规范》确定，输入荷载值均为标准值。

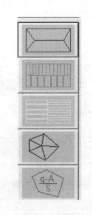

图 2-48 导荷模式图

【各板同载】所有板取指定荷载模式或恒载、活载大小进行加载，见图 2-49。

"同时改导荷模式和荷载值"采用选定导荷模式和荷载值，对所有板进行修改；

"只改导荷模式"采用选定导荷模式，只对板的导荷模式进行修改；

"只改荷载值"采用选定的荷载值，只对板的荷载值进行修改。

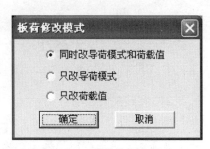

图 2-49 板荷载修改模式

【修改荷载】按所选的荷载模式和荷载值，修改板荷载。

【加板荷载】点按"加板荷载"参数窗口，弹出图 2-50 对话框，有四种类型面荷载，即均布面载、均匀升温、温度梯度和风荷载。均匀升温不需方向；风类型荷载方向由所选工况决定，风荷载工况数由"总体信息-风计算信息"中风方向决定，其他荷载方向可以有 6 个：局部坐标的 1、2、3 轴和总体坐标的 X、Y、-Z(重力方向)轴，可选择的 11 种工况为：重力恒载、重力活载、水压力、土压力、预应力、雪荷载、升温、降温、人防、施工荷载和风荷载。可加入荷载库，供导荷时快速选择。

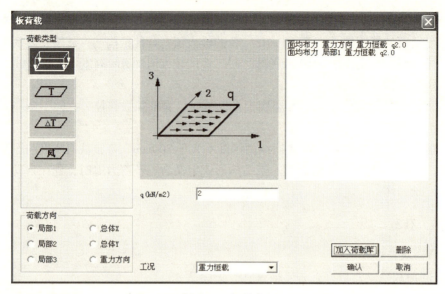

图2-50 板荷载

【删板荷载】删除输入有误的板上荷载。
【改板局标】修改板的局部标高。

续例题一：

五、加板上荷载

楼板荷载计算

1）楼面荷载标准值

活载：	（按办公楼取值）	2.0 kN/m²
恒载：20mm 花岗石面层，水泥浆抹缝		0.02×28= 0.56 kN/m²≈0.6 kN/m²
30mm 1:3 干硬水泥砂浆		0.03×20= 0.6 kN/m²
板底粉刷		0.36 kN/m²

恒载合计　　　　　　　　　　　　　　　　　　　　　　　　　　　1.56 kN/m²

2）天面荷载标准值

活载：（上人屋面）　　　　　　　　　　　　　　　　　　　　　　2.0 kN/m²
恒载：　二毡三油加现浇保温层　　　　　　　　　　　　　　　　　2.86 kN/m²
　　　板底粉刷　　　　　　　　　　　　　　　　　　　　　　　　0.36 kN/m²

恒载合计　　　　　　　　　　　　　　　　　　　　　　　　　　　3.22 kN/m²

3）电梯机房地面

活载：（按电梯间荷载取值）　　　　　　　　　　　　　　　　　　7.0 kN/m²
恒载：30mm 1:3 干硬水泥砂浆　　　　　　　　　　　　　　　　　0.03×20= 0.6 kN/m²

布板荷载（图2-51）。

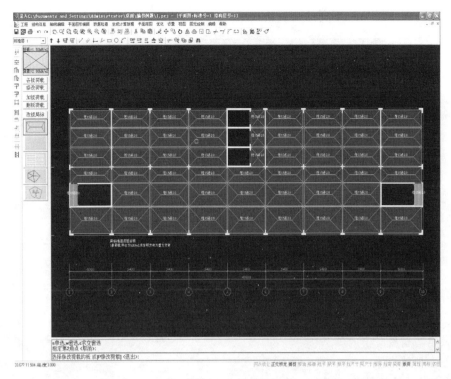

图 2-51 板荷载录入

2.2.4.2 梁荷载

1. 梁荷载模式：梁有六种常见荷载模式，见图 2-52。
三种恒荷载模式和三种活荷载模式，有如下六个命令来切换：
指定加载的荷载为均布加恒载；
指定当前加载的荷载为集中恒载；
指定当前加载的荷载为分布恒载；
指定加载的荷载为均布活载；
指定当前加载的荷载为集中活载；
指定当前加载的荷载为分布活载。

2. 梁的荷载值：梁自重由程序自动计算，板、次梁的荷载会自动导到周边梁、墙上，梁荷载为框架结构中的填充砖墙、外加荷载及不能直接导荷的荷载，所有输入荷载均为标准值。

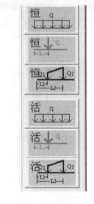

图 2-52 梁荷模式

【加梁荷载】点按"加梁荷载"参数窗口，弹出图 2-53 对话框，有十种类型线荷载，均匀升温不需方向，风类型的荷载方向由所选工况决定，风荷载工况数由"总体信息—风计算信息"中的风方向决定，其他荷载的方向可以有六个：局部坐标的 1、2、3 轴和总体坐标的 X、Y、-Z(重力方向)轴，可选择的 11 种工况为：重力恒载、重力活载、水压力、土压力、预应力、雪荷载、升温、降温、人防荷载、施工荷载和风。选择的荷载可加入荷载库，供以后快速选择。

【删梁荷载】删除梁上已加的荷载。

【修改荷载】修改已加荷载的大小、类型、方向等。

【换梁荷载】用另一不同的荷载替换梁上已加的荷载。

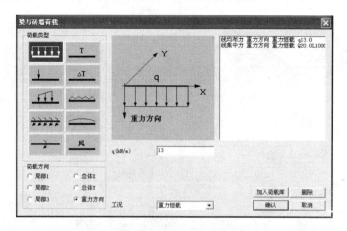

图2-53 梁与砖墙荷载

续例题一：

六、加梁上荷载

梁上隔墙荷载计算：

内外围护墙自重

1）外围护墙（每单位面积自重）

瓷砖墙面	0.5 kN/m²
190厚蒸压粉煤灰加气混凝土砌块	0.19×8.5= 1.615 kN/m²
石灰粗砂粉刷层	0.36 kN/m²
合计：	2.475kN/m²
首层横墙上	（3.6–0.7）×2.475=7.177kN/m
首层纵墙上	（3.6–0.45）×2.475=7.796kN/m
标准层横墙上	（3.3–0.7）×2.475=6.435kN/m
标准层纵墙上	（3.3–0.45）×2.475=7.054kN/m

2）内隔墙（每单位面积自重）

石灰粗砂粉刷层	0.36×2=0.720kN/m²
190厚蒸压粉煤灰加气混凝土砌块	0.19×8.5=1.615kN/m²
合计：	2.335kN/m²
首层横墙上	（3.6–0.7）×2.335=6.77kN/m
首层纵墙上	（3.6–0.45）×2.335=7.355kN/m
标准层横墙上	（3.3–0.7）×2.335=6.07kN/m
标准层纵墙上	（3.3–0.45）×2.335=6.655kN/m
梯梁均布荷载（扣除梯间楼板传递的荷载）	7.17 kN/m
扶手（0.9m高）传来集中荷载	3.35kN

2.2.4.3 墙柱荷载

墙、柱自重由程序自动计算，梁荷载程序自动导入墙柱，墙柱荷载为不能自动导荷的荷载，输入荷载均为标准值。

【加柱荷载】点按"加柱荷载"的参数窗口，弹出图2-54对话框，有十种类型线荷载，均匀升温不需方向，风类型的荷载方向由所选工况决定，风荷载工况数由"总体信息-风计算信息"中的风方向决定，其它荷载的方向可以有六个：局部坐标的1、2、3轴和总体坐标的X、Y、-Z(重力方向)轴，可选择的11种工况为：重力恒载、重力活载、水压力、土压力、预应力、雪荷载、升温、降温、人防荷载、施工荷载和风。可加入荷载库，供以后快速选择。

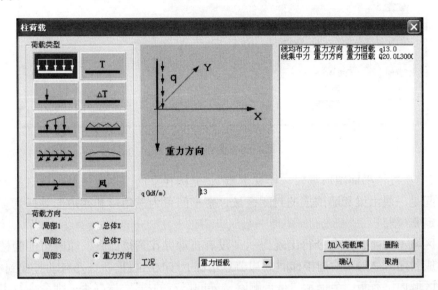

图2-54 柱荷载

【加墙荷载】点按"加墙荷载"，弹出图2-55对话框，有七种类型面荷载，均匀升温不需方向，风类型的荷载方向由所选工况决定，风荷载工况数由"总体信息-风计算信息"中的风方向决定，其他荷载的方向可以有六个：局部坐标的1、2、3轴和总体坐标的X、Y、-Z(重力方向)轴，可选择的11种工况为：重力恒载、重力活载、水压力、土压力、预应力、雪荷载、升温、降温、人防荷载、施工荷载和风。可加入荷载库，供以后快速选择。

【删除荷载】删除剪力墙肢或柱上荷载。

【改墙方向】修改剪力墙上外加荷载的方向，主要用于筒仓、挡土墙等的外加荷载。

【增加吊车】、【删除吊车】用于布置厂房的吊车荷载

【换柱荷载】、【换墙荷载】把当前层柱或者墙的某一荷载替换为另一个荷载值。

续例题一：

七、加墙柱荷载：该例题没有外加墙、柱荷载。

2.2.5 楼梯编辑

《建筑抗震设计规范》GB 50011—2010提出计算中应考虑楼梯构件的影响，楼梯具有

斜撑的受力状态，局部加强了抗侧刚度，对楼梯间有关的墙柱梁计算结果有明显的影响，同时楼梯是关键的安全通道，本身宜考虑抗震计算。

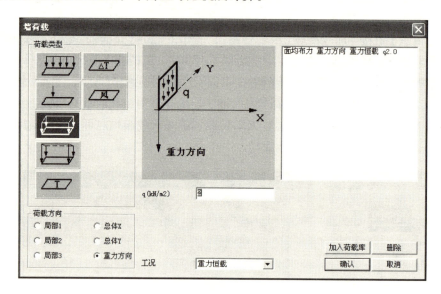

图2-55　剪力墙荷载

　　录入中点按"平面图形编辑－楼梯编辑"，光标在平面图形上选择一点自动寻找楼梯间，楼梯间是一块由梁和墙围成的封闭区域，楼梯间可为三角形和四边形等任意多边形，内角不一定90度。

　　如果区域不封闭，则命令行出现提示"没有自动寻找到楼梯间，原因可能为楼梯间梁墙没有形成封闭"，按F4检查楼梯间周边节点情况，修改后再重新选择自动寻找到楼梯间。

　　如果区域内已有板，会提示"是否删除楼梯间已有的板"，选择否，则命令行出现提示"请选择其它楼梯间！"，需重新选择楼梯间或者取消命令。

　　如果选择的楼梯间正确，程序会弹出楼梯输入对话框，在对话框中，首先选择楼梯类型，可选的12种楼梯类型见图2-56：

　　在参数窗口中，楼梯间的角点按逆时针编号；楼梯起始节点号是指楼梯起始板所在的楼梯间的角点号，如选择了"是否是顺时针"选择框，则楼梯从起始节点号开始按顺时针旋转，否则按逆时针旋转。

　　通过表格输入楼梯板，程序自动形成平台板，可事先输入楼梯板和平台板材料，所有梯板构件自重程序自动计算，不需荷载输入。

　　可按平面或者3D显示，使用鼠标滚轮缩放窗口，鼠标中键按下可平移图形，双击鼠标中键则显示全图，在3D状态下，按下鼠标左键拖动可旋转显示图形。

　　【布置梯梁】选择"自动布置梯梁"选择框；

　　【布置梯柱】选择"自动布置梯柱"选择框，梯梁搭在楼层平面梁上时此处不再自动形成梯柱；

　　在楼梯的"各标准跑设计数据表"中，单击或双击表格数据即可编辑。例如，单击楼梯输入对话框图中圆圈所圈的②处，即可修改第2跑的起始位置。修改结束，参数窗口中同步显示修改效果。

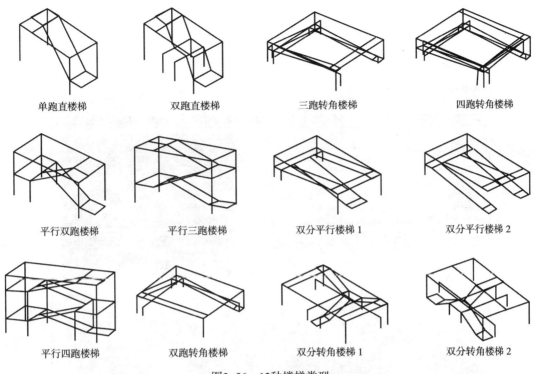

图2-56 12种楼梯类型

输入完毕点击对话框【确定】按钮,则在楼梯间位置自动布置好了楼梯板、平台板、梯梁和梯柱,点击【取消】按钮取消选择。

本命令支持多标准层输入,同一标准层层高要求相同,不同标准层层高可不相同,形成楼梯板、平台板、梯梁和梯柱时高度会按比例缩放。

【删除楼梯】删除楼梯板、平台板、梯梁和梯柱

【交叉楼梯】交叉楼梯的输入需要在同一个矩形楼梯间中输入两遍"单跑直楼梯"或者"平行两跑楼梯",两遍输入的起始节点号不同,第一遍的起始节点号是2,第二遍的起始节点号就是4。图2-57是两遍"平行两跑楼梯"形成的交叉楼梯。

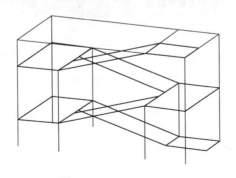

图2-57 交叉楼梯

【一点梯柱】布置梯柱。

【两点梯梁】布置梯梁。

续例题一：

八、楼梯编辑

楼梯设计数据如图 2-58。

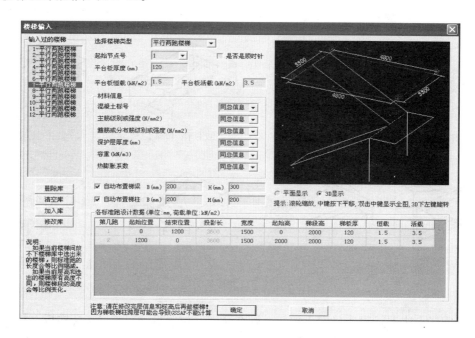

图2-58 楼梯输入

在选择楼梯类型下拉框里面选择"平行两跑楼梯"图 2-59。

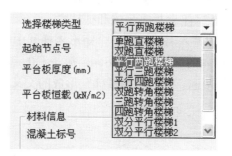

图2-59 选择楼梯类型

起始节点号下拉框选择楼梯起始位置，图 2-60 数字表示节点号，起始节点号选择 1，旋转方向为逆时针。

平板台厚度取 120mm，恒载 1.5kN/m² 活载按《建筑结构荷载规范》取 3.5 kN/m²。(图2-61)。

保存该层信息，进入第二标准层，程序提示第二标准层与哪层相同？输入 1，即与第一标准层相同。

在第二标准层修改构件尺寸和梁、板上荷载；存盘生成第二标准层。

同理生成其他标准层。

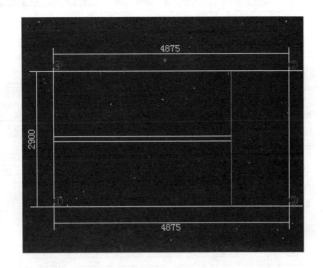

图2-60 楼梯俯视图

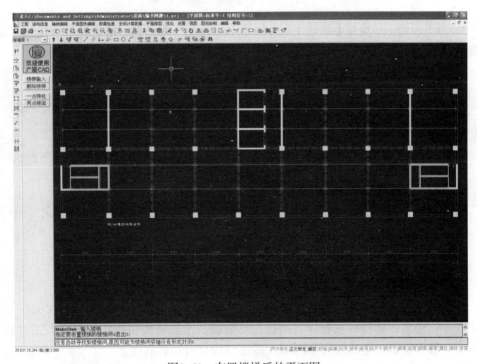

图2-61 布置楼梯后的平面图

进行"数据检查"通过后保存数据；生成 GSSAP 计算数据；生成基础 CAD 数据。

2.3 砖混结构模型的录入

主菜单如图 2-62 所示。

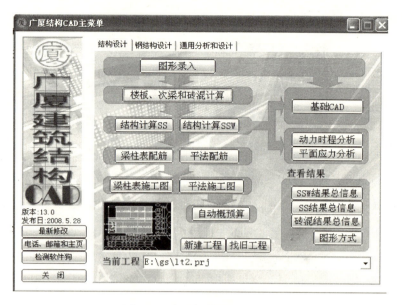

图2-62 广厦结构CAD主菜单

1. 为工程命名：点按【新建工程】屏幕上出现如下对话框，指定目录并输入新工程名，系统默认.prj后缀，见图2-63。

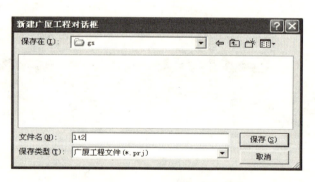

图2-63 新建工程对话框

2. 广厦程序砖混结构设计的主要步骤：

1)【图形录入】输入砖混总体信息；建立轴网；确定砖墙、构造柱、次梁、楼板的位置和尺寸；输入的构件自重程序自动进行导荷载，预制楼板和外加荷载需人工计算并加到构件上；数据检查；生成楼板、次梁、砖混结构分析计算数据。

注意：当工程在录入系统中进行了修改，必须重新生成结构计算数据、重新进行楼板、次梁、砖混计算和重新进行结构计算。

2)【楼板、次梁、砖混计算】计算所有标准层的楼板（不包括预制楼板）、次梁的内力和配筋。对砖混结构进行抗震、轴力、剪力、高厚比和局部受压验算。

3) 查看并检查【砖混结果总信息】及【图形文件】中的"超限信息"。纯砖混结构不必采用空间分析计算；底框和混合框架结构部分采用GSSAP或SS计算。使用GSSAP程序的要查看【GSSAP文本结果】及【图形文件】中的"超限信息"；使用SS程序的要查看【SS

在结果总信息】及【图形方式】中的"超限信息",检查有无构件超限。分析计算结果,不满足要求时需重新回到录入系统调整结构方案。

4)【配筋系统】设置构件"参数控制信息"后生成施工图,并处理警告信息。

5)【施工图系统】编辑施工图,简单工程可直接采用"生成整个工程DWG",在AutoCAD中进一步修改施工图。

6)【基础CAD】设置基础总体信息,在录入系统中生成基础CAD数据,根据首层柱布置和结构计算的柱底力进行基础设计,在AutoCAD中修改基础施工图。

7)打印建模简图和计算简图。

2.3.1 砖混总信息

进入【图形录入】后首先应进入【结构信息】菜单输入总体信息。

【结构信息】包括"砖混总体信息"、"GSSAP总体信息"和"SS总体信息"。广厦程序采用"砖混结构计算"模块计算砖墙的抗剪和抗压,底框和混合结构框架部分只能采用GSSAP或SS计算。

2.3.1.1 砖混总体信息

【结构计算总层数】(总数)设置包含框架平面和砖混平面的结构计算总层数,结构计算平面可以包含承台上的基础梁、地下室平面层、上部结构平面层和天面结构层,结构层号从1开始到结构计算总层数。

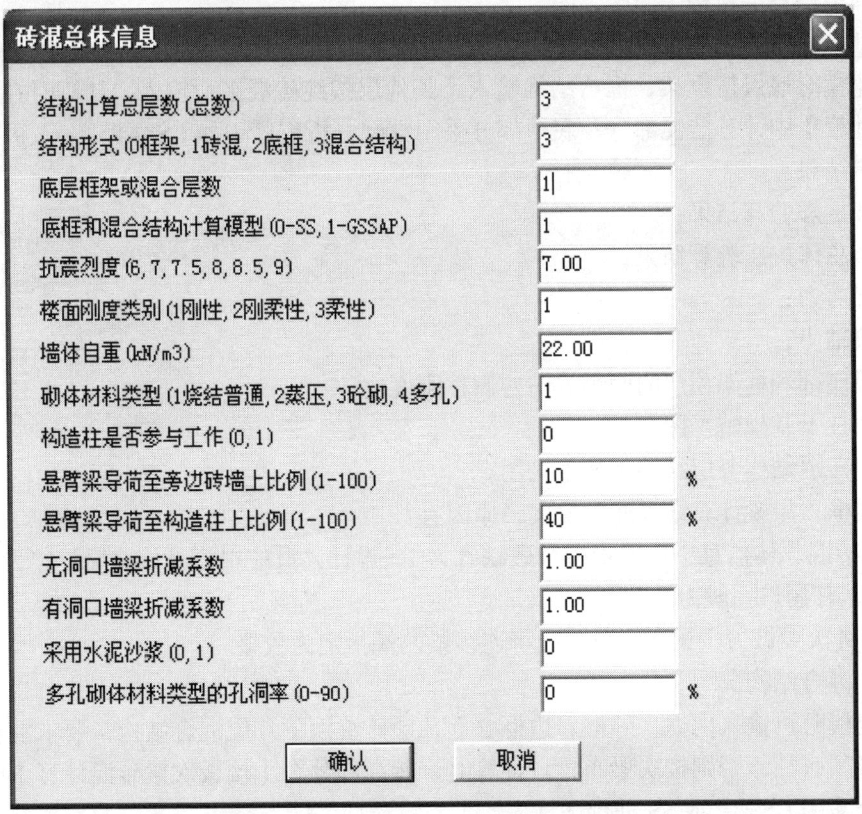

图2-64 总信息

最后生成的结构施工图是按建筑层编号，在配筋系统中，可在"【主菜单】—【参数控制信息】—【施工图控制】"中设置建筑二层对应结构录入的第几层来实现结构层号到建筑层号的自动转化。

【结构形式】（0 框架，1 砖混，2 底框，3 混合结构）：填 0 则所有结构平面为框架、框剪或剪力墙结构平面；填 1 则所有结构平面为砖混平面；填 2 则底层为框架结构平面，上部为砖混平面；填 3 则为砖和框架混合结构：内框、外框、边框或上几层砖混而下几层混合结构。底框结构为混合结构中的一种特殊形式，程序将其独立开来计算。

注意：底框和混合结构框架部分只能采用 GSSAP 或 SS 计算。

1）纯砖混

在建模时可输入砖墙，纯砖混平面上所有的混凝土柱自动作为构造柱处理，所有梁简化为次梁输入。在【楼板次梁砖混计算】中，砖墙按底部剪力法进行抗震验算及砖墙的总体抗压等验算，梁按连续次梁计算。

可得计算结果：

砖墙抗震验算结果；

砖墙总体抗压验算结果；

砖墙剪力；

砖墙轴力；

砖墙下条基平面施工图；

上部结构各层结构平面施工图。

2）底框结构

在建模时底层按框架、框剪结构输入，其他层按纯砖混平面输入。计算时在【楼板次梁砖混计算】中计算砖混部分；底框部分采用空间分析程序（如 GSSAP、SS）进行计算。

可得结果：

砖墙抗震验算结果；

砖墙总体抗压验算结果；

砖墙剪力；

砖墙轴力；

砖混底部和框架顶层的两个方向的侧移刚度比；

框架柱下基础施工图；

上部砖混结构各层结构平面施工图。

对底框顶层梁计算结果通常偏大，原因有：

a.在砖混总体信息中墙梁折减系数缺省为 1，设计人员应根据具体情况设定，无洞口一般为 0.6，有洞口一般为 0.8；

b.当将次梁做为主梁布置时，应将连续梁两端指定为铰接。

3) 混合结构

在建模时可输入内框、外框、边框、上几层砖混而下几层混合结构，要求混合结构中主梁端必须有柱，否则按次梁布置。计算时，砖混部分在【楼板次梁砖混计算】中计算，框架部分采用 GSSAP 或 SS 进行计算。

采用 GSSAP 计算时，砖墙同混凝土墙一样自动按开洞墙结构进行计算，因次梁进入空间分析，次梁可以托砖墙。

采用 SS 计算时，砖墙自动等刚度成剪力墙进入结构分析程序 SS 进行计算，因次梁导荷后没有进入空间分析，为防止出现没有任何主梁砖墙相连的柱和次梁托砖墙的情况，应将次梁改为主梁布置。砖墙与柱、砖墙与砖墙之间自动按铰接处理。

可得结果：

砖墙抗震验算结果；

砖墙总体抗压验算结果；

砖墙剪力；

砖墙轴力；

砖墙下条形基础平面施工图；

框架柱下基础施工图；

上部结构各层结构平面施工图。

【底层框架或混合层数】当结构形式为 2（底框）或 3（混合结构）时，输入底框或混合层数，层数可大于二，计算方法没有变化，当此设置超规范时，程序计算结果只起参考作用。在混合结构中若所有结构层为混合结构，则混合结构层数应设为结构总层数，程序允许上几层纯砖混下几层混合的结构形式。

【底框和混合结构计算模型】（0—SS，1—GSSAP）当结构形式为 2（底框）或 3（混合结构）时，输入用于计算底框或混合结构的计算模型。

【地震设防烈度】（6，7，7.5，8，8.5，9）按《建筑抗震设计规范》附录 A 采用。取 6、7、7.5、8、8.5 或 9，地震设防烈度只影响砖混平面的抗震验算，对底框结构平面，必须在相对应的结构分析程序的总体信息中设置抗震烈度。

【楼面刚度类别】（1 刚性，2 刚柔性，3 柔性）一般情况，1 刚性：开间为现浇板；2 刚柔性，开间为木板等材料；3 柔性：开间为空洞。

【墙体自重】（单位：kN/m^3）为砌块自重，若考虑抹灰的重量可适当增加自重数值。

【砌体材料】（1 烧结普通砖，2 蒸压砖，3 砼砌块，4 多孔砖）根据砌体所用材料，分别选择烧结普通砖及烧结多空砖、蒸压灰砂砖及蒸压粉煤灰砖、单排孔混凝土砌块及轻骨料混凝土砌块、多孔砖砌体。计算时不同砌体材料的抗剪强度和抗压强度不同。

【构造柱是否参与工作】（0 否，1 是）选择 1，程序按混凝土构造柱截面积求出墙段的折算截面积来计算承载力，此时结构应隔开间或每开间设置构造柱，此时根据《砌体结构设计规范》砖砌体和钢筋混凝土构造柱组合墙要求考虑构造柱对砖墙的抗压贡献；选择 0，不考虑构造柱实际截面积，而只根据构造柱数量来考虑承载力是否提高 10%。

【悬臂梁导荷至旁边砖墙上比例】、【悬臂梁导荷至构造柱上比例】在纯砖混和混合结构平面，悬臂次梁上的荷载由构造柱、悬臂梁两边砖墙和与悬臂梁同方向的砖墙三方按设定的比例承担，设计人员根据经验设定。范围是 1~100，一般默认为悬臂梁导荷至旁边砖墙上比例 10%，悬臂梁导荷至构造柱上比例 40%。

【无洞口墙梁折减系数】、【有洞口墙梁折减系数】当输入的墙梁荷载折减系数小于 1.0 时，软件在导荷时，将对上部砖墙传递给框架梁的均布恒载和活载乘以该折减系数，折减掉的均布荷载将按集中荷载作用在两端柱子上。当梁上墙体无洞口时，按无洞口墙梁折减系数折减；当梁上墙体有一个洞口时，按有洞口墙梁折减系数折减；当梁上墙体洞口大于等于 2 个时，荷载不折减。

【采用水泥砂浆】（0 不采用，1 采用）当用水泥砂浆砌筑时，其抗压强度设计值调整系数为 0.85，抗剪强度设计值调整系数为 0.75，对粉煤灰中型实心砌块抗剪强度调整系数为 0.5。

【孔洞率】（0—99）当砌体材料选用多孔砖时，填写多孔砖的孔洞率。

2.3.1.2 GSSAP 总体信息

当结构形式为 2（即底框）或 3（即混合结构）时，用于计算底框或混合结构中框架部分的计算模型可选择 GSSAP，其总体信息与混凝土结构 GSSAP 总体信息相同，查看 2.2.1 结构信息。

2.3.2 各层信息

2.3.2.1 几何信息

【标准层】纯砖混、底框和混合结构中每一结构层抗震验算、轴力等不同，所以每一结构平面划分为一个标准层。

【相对下端层高】、【相对 0 层层高】和【塔块号】输入与混凝土结构一样，这里不再赘述。

2.3.2.2 材料信息

【剪力墙柱砼等级】墙柱在纯砖混中表示构造柱。剪力墙柱混凝土等级可输入 C18 等非标准混凝土等级，计算时混凝土的抗压强度设计值和标准值按线性插值处理。

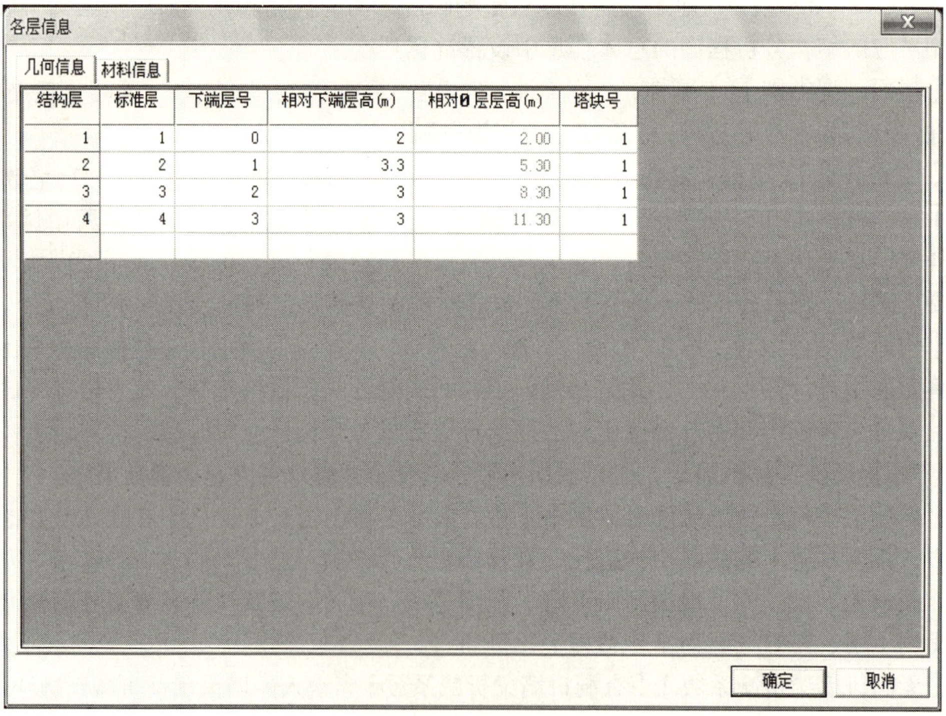

结构层	标准层	下端层号	相对下端层高(m)	相对0层层高(m)	塔块号
1	1	0	2	2.00	1
2	2	1	3.3	5.30	1
3	3	2	3	8.30	1
4	4	3	3	11.30	1

图2-65 几何信息

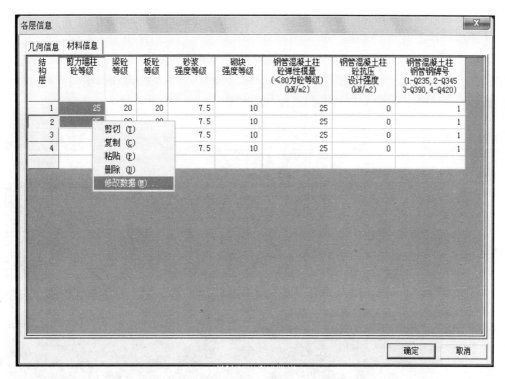

图2-66 材料信息

按住鼠标左键拖动选择第 2 列，点按鼠标右键弹出选择"修改数据"菜单，用于把选中的表格改为设计的混凝土标号。

【梁砼等级】、【板砼等级】在纯砖混中表示次梁、圈梁和现浇板部分混凝土等级。可输入 C18 等非标准混凝土等级。

按住鼠标左键拖动选择第 2 列，点按鼠标右键弹出选择"修改数据"菜单，用于把选中的表格改为设计的混凝土标号。

【砂浆强度等级】、【砌块强度等级】输入各个楼层砂浆和砌块的强度等级。

2.3.3 轴线编辑

进入【轴线编辑】菜单，此功能与混凝土结构的轴线编辑基本相同，详细操作见本章 2.2.2 轴线编辑。

2.3.4 砖混平面图形编辑

【平面图形编辑】包括输入结构构件和在构件上加荷载两部分内容。结构构件包括墙柱、梁、楼板及砖混结构中的砖墙。在构件输入时按砖墙、柱—梁—板的顺序输入。

2.3.4.1 砖墙及柱输入（图 2-67）

砖墙输入与剪力墙柱输入可同时进行或交叉进行，【砖混几何编辑】只有一个菜单，包括建墙、开洞、修改、对齐四个部分。以下分别介绍：

【两点砖墙】利用鼠标选取任意两点或输入任意两点坐标建砖墙。

【轴线砖墙】选择轴线建砖墙。程序默认此方法为整条轴线布置砖墙，输入 C 可切换到在梁、墙柱间布置砖墙。

【距离砖墙】选择任意距离建砖墙。有三种方法：选一构件和离该构件端点的距离确定砖墙一个端点，然后选择一点，即可形成原端点与所选构件垂直方向的交点间布置的新砖墙；选两个构件和离该两构件端点的距离确定砖墙；选一条构件和离该构件端点的距离确定砖墙一个端点，确定方向和伸出长度建立砖墙。

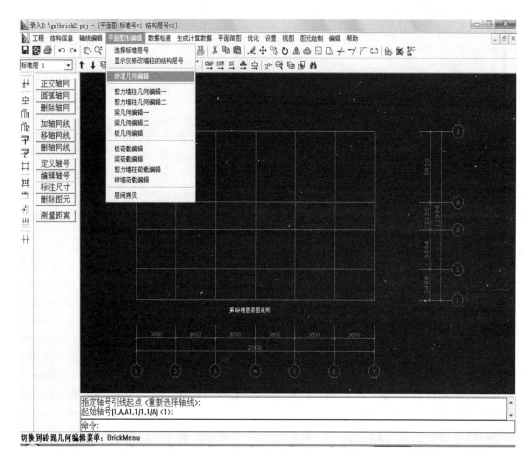

图2-67　砖墙输入

【延伸砖墙】沿砖墙轴线拉伸砖墙到需要的长度。

【删除砖墙】删除已建的砖墙。

【砖墙开洞】在砖墙上开窗口或门洞。有两种方法：离砖墙左右端开洞；在砖墙中开洞。

【删砖墙洞】框选洞口，删除砖墙上窗口或门洞。

【改墙厚度】修改已建砖墙的厚度。此操作不影响已完成的梁板布置，常用于数据检查后的修改。

【指定圈梁】在砖墙上指定位置设置圈梁，再指定一次即删除圈梁。

【X向左平】、【X向右平】、【Y向上平】、【Y向下平】指定墙肢、柱的左右上下边与轴网线的距离即平收距离。

【偏心对齐】可选择对齐方式编辑砖墙与轴线的距离。当一墙柱不靠近任何轴线时，程序自动判断不能指定其平收关系,此时用该功能移动其位置。

【构造柱】砖混中的柱输入方法与混凝土结构柱的输入方法相同。在砖混结构平面中,柱子自动设为构造柱。

例题二:某3层砖混结构综合办公楼,属丙类建筑。抗震设防烈度为7度,场地类别Ⅱ类,设计地震分组为第一组,基本风压ω_0=0.45kN/m²,基本雪压ω_0=0.30kN/m²,地面粗造度为B类。工程的建筑平、剖面示意图见图2-68~图2-71,首层3.3m,二、三在层层高均为3.0m,不上人屋面。为满足保暖要求,外墙厚度取360mm,内墙厚度取240 mm。

解:本设计取砂浆强度等级:M7.5;普通烧结砖,强度等级:MU10;混凝土强度等级选用:梁、板:C20;构造柱:C25。按照建筑设计确定的轴线尺寸和结构布置原则进行布置。结构布置图见图2-72~图2-74。

确定并验算砖墙截面尺寸:

砖墙高厚比验算:$\beta = \dfrac{H_0}{h} \leq \mu_1\mu_2[\beta]$,其中根据已知墙厚度$h$=360mm,首层层高$H$=3600mm,根据《砌体结构设计规范》GB 50003—2001 表5.1.3,查得H_0=3.6m,查表6.1.1、墙柱允许高厚比$[\beta]$=26,自承重墙允许高厚比修正系数μ_1=1.2,有门窗洞口墙允许高厚比的修正系数$\mu_2 = 1-0.4\dfrac{b_s}{s} = 1-0.4 \times \dfrac{1800}{3600} = 0.8$,于是,$\beta = \dfrac{H_0}{h} = \dfrac{3600}{360} = 10 \leq \mu_1\mu_2[\beta] = 24.96$,符合要求。

墙厚 360 mm。

布置构造柱、砖墙:

进入砖混几何菜单,点按[轴线砖墙],点选参数对话框,弹出图2-75修改墙体厚度为360mm,偏心A=0,点选轴线可布置整条轴线上砖墙,利用框选,可以布置一段轴线建墙。结果见图2-76中Ⓑ轴所示。

点按[距离砖墙],修改截面为240mm,点选①轴Ⓐ—Ⓑ段轴线的下端,提示栏提示:离左/下部距离,输入2400,将鼠标水平移动到左边,选取任意一点构成水平线,按提示输入沿水平方向的砖墙长度1800。完成了一条砖墙的输入。结果见图2-77。

点按[两点建墙],点选1/Ⓐ轴上右端点,在Ⓒ轴上捕捉到一点,调整新砖墙为竖直向上方向,点按,建立两点砖墙。完成砖墙录入工作。见图2-78。

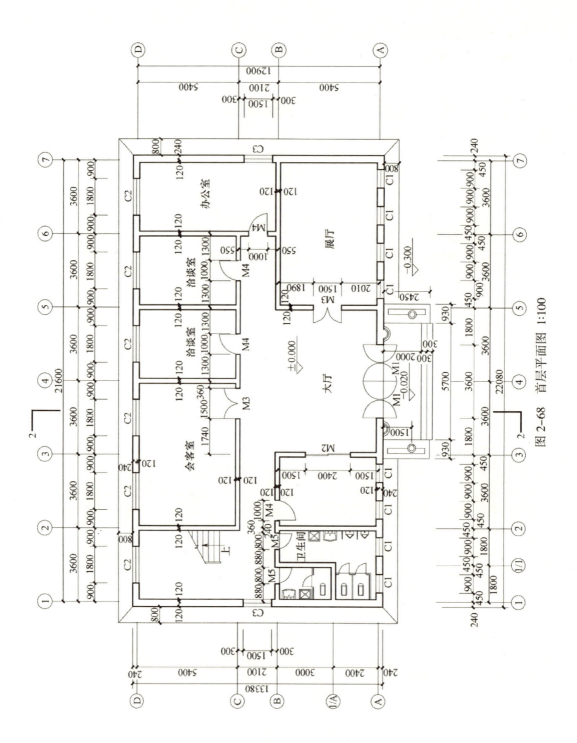

图 2-68 首层平面图 1:100

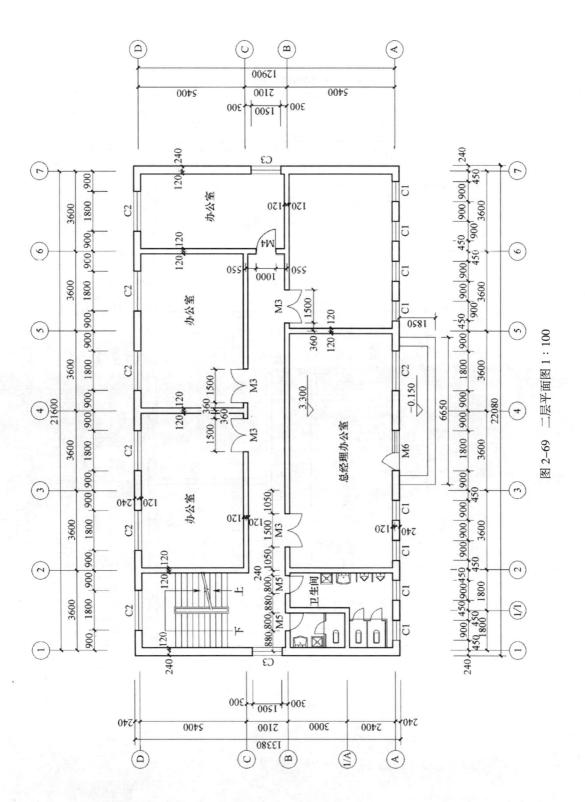

图 2-69 二层平面图 1:100

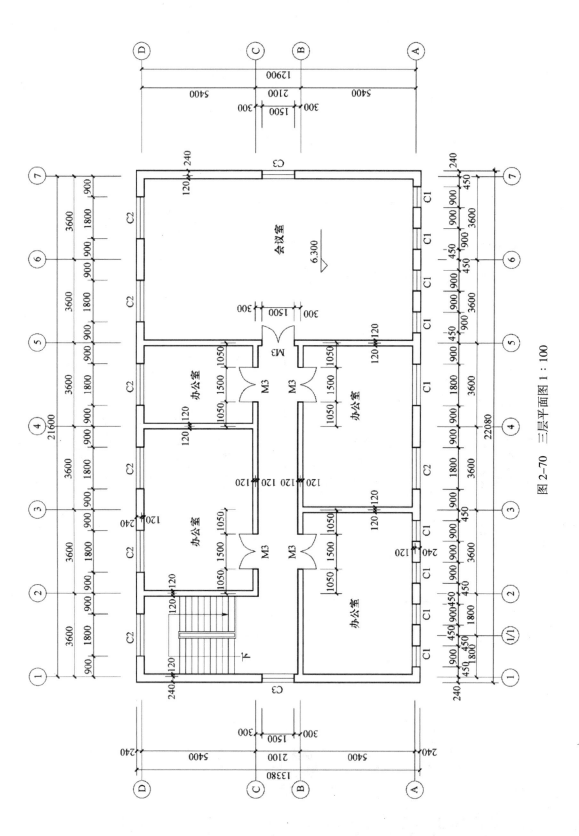

图 2-70 三层平面图 1:100

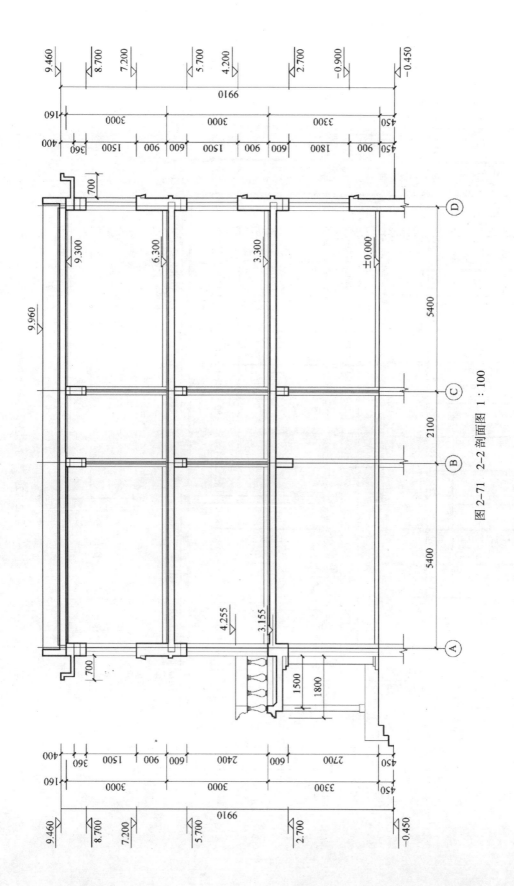

图 2-71 2-2 剖面图 1:100

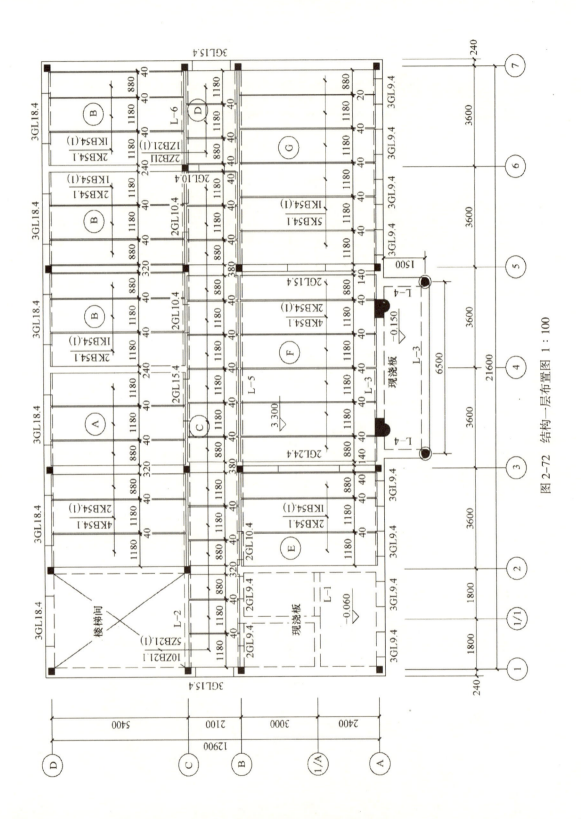

图 2-72 结构一层布置图 1:100

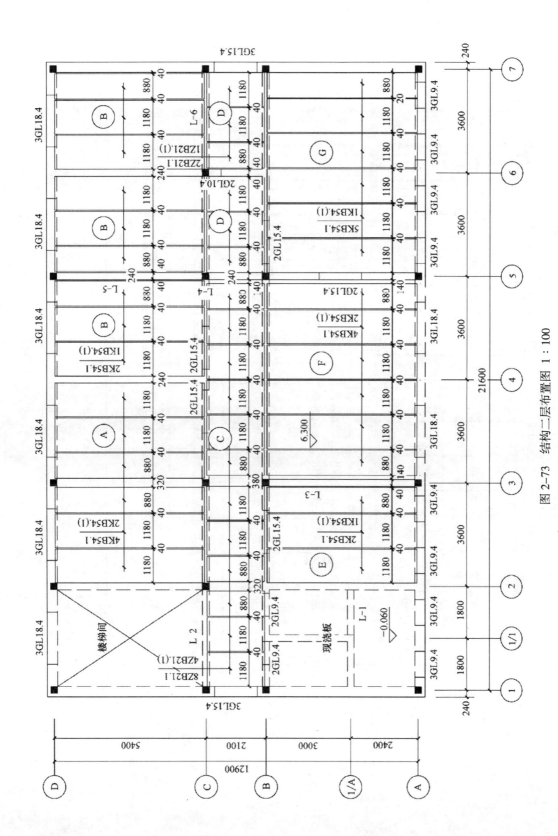

图 2-73 结构二层布置图 1:100

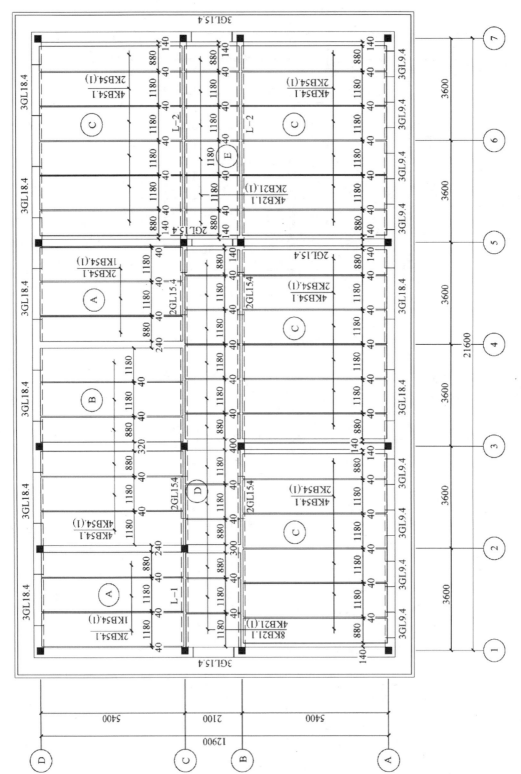

图 2-74 结构三层布置图 1:100

图2-75 轴线砖墙参数

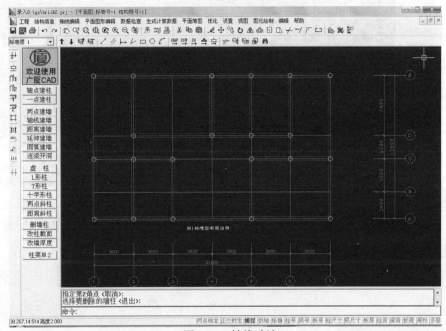

图2-76 轴线砖墙

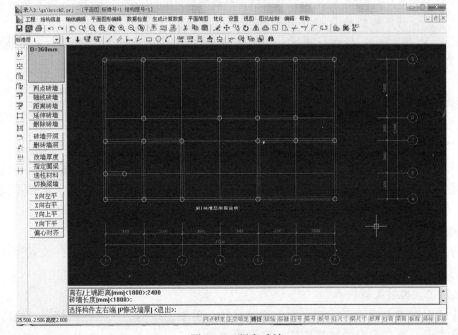

图2-77 距离砖墙

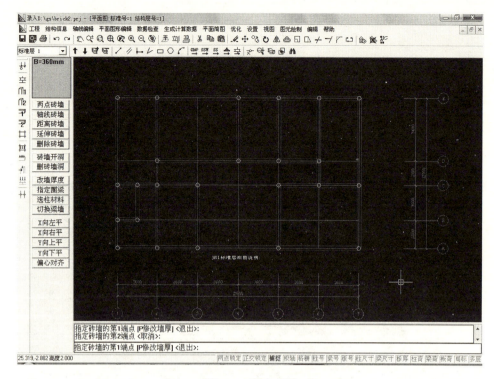

图2-78 两点砖墙

砖墙对齐：

点按[X向左平]，提示栏提示：左边线与轴线的距离[mm]，输入240，窗选1轴线上的整片砖墙，该砖墙外边线与轴线距离240mm。

点按[X向右平]，提示栏提示：右边线与轴线的距离[mm]，输入240，窗选7轴线上的整片砖墙，该砖墙外边线与轴线距离240mm。

点按[Y向上平]，提示栏提示：上边线与轴线的距离[mm]，输入240，窗选Ⓔ轴线上的整片砖墙，该砖墙外边线与轴线距离240mm。

点按［Y向下平］，提示栏提示：上边线与轴线的距离[mm]，输入240，窗选Ⓐ轴线上的整片砖墙，该砖墙外边线与轴线距离240mm（图2-79）。

砖墙开洞：

点按［砖墙开洞］，弹出图2-80对话框，输入离墙肢左/右端距离 $X=880mm$；离墙肢下端距离 $Y=0mm$；墙上洞宽度 $B=800mm$；墙上洞高度 $H=2000mm$。点Ⓒ轴上靠近①轴任意位置，出现洞口。同理处理其他的墙洞，对砖墙中间开洞的情况，可以直接用鼠标右键开洞，不需要输入离墙肢端距离。见图2-81所示。

构造柱录入：

砖混中柱输入方法与混凝土结构中柱的输入方法相同。选取柱截面，录入构造柱，结构如图2-82所示。

2.3.4.2 次梁及板输入

【砖混次梁】纯砖混结构平面中梁的建法与混凝土结构的次梁建法相同，纯砖混平面中没有主梁，所有受力的梁都应作为次梁输入。

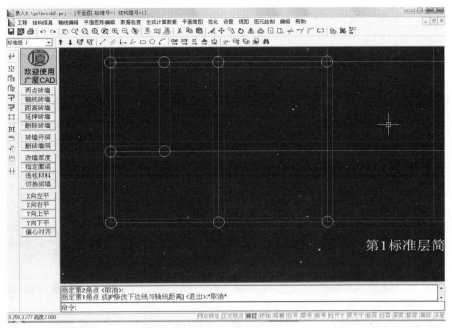

图2-79 平移对齐

纯砖混结构平面中的悬臂梁:砖混结构平面所有的梁都作为次梁输入,悬臂次梁有两种输入方法,第一种方法是点按"建悬臂梁"按钮利用同方向的次梁向外延伸,第二种方法是点按"距离次梁",利用与悬臂次梁垂直的砖墙往一侧方向挑出悬臂次梁,当单跨悬臂时常按第二种方法建悬臂梁,计算时按单跨悬臂次梁计算,对于伸入部分的构造做法设计人员在梁通用图中加以统一说明即可。

图2-80 轴线砖墙参数

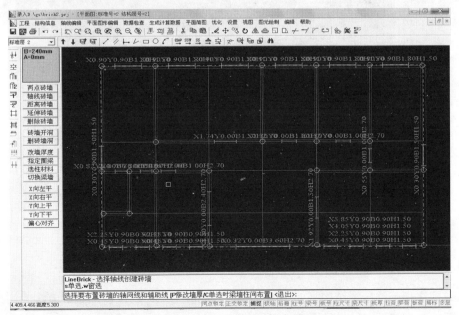

图2-81 砖墙开洞

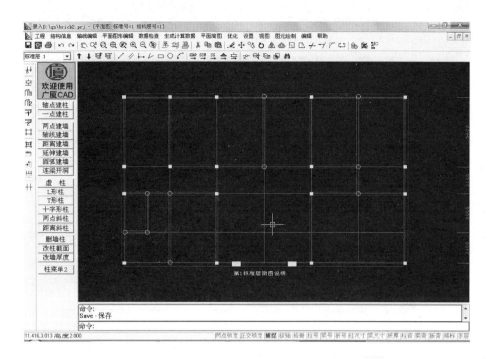

图2-82 构造柱输入

次梁、悬臂梁录入结果见图 2-83 所示。

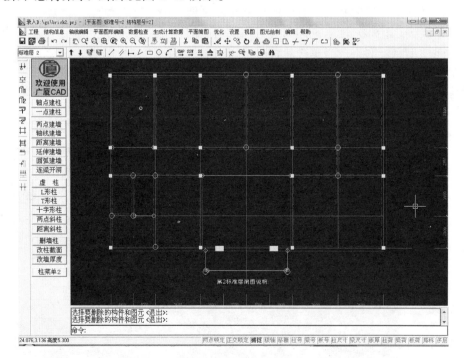

图2-83 梁的录入

【布现浇板】纯砖混结构平面中的现浇板与混凝土结构现浇板的布置方法相同。单选厕所开间，布现浇板。结果见图 2-84 所示。

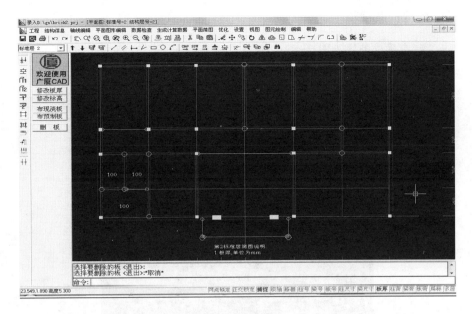

图2-84 布现浇板

【布预制板】方法与混凝土结构布置预制板相同。分为三种方式布置预制板：光标选择开间自动布预制板；所有开间自动布预制板；选择开间人工布预制板。

选择第1种方式，接着弹出下面对话框如图2-85所示。输入自动布板参数，用光标点按选择布置预制板。

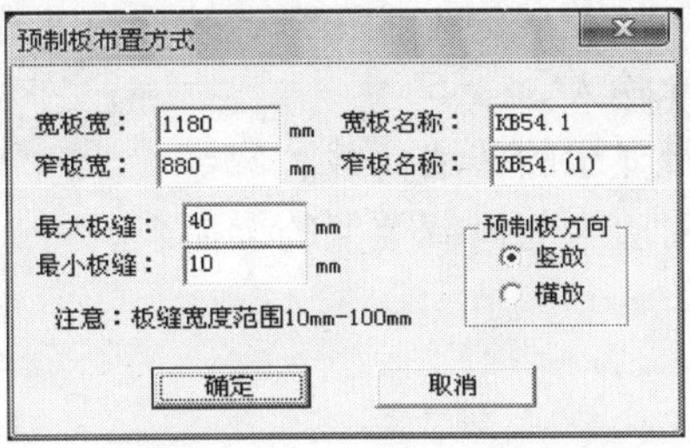

图2-85 自动布板参数

选择第2种布预制板方式，接着弹出对话框图2-85，输入自动布板参数，确定，将所有区间布置预制板。

选择第3种布预制板方式，光标点按选择开间，弹出对话框，如图2-86所示，根据已知或设计人员计算板的块数等参数。

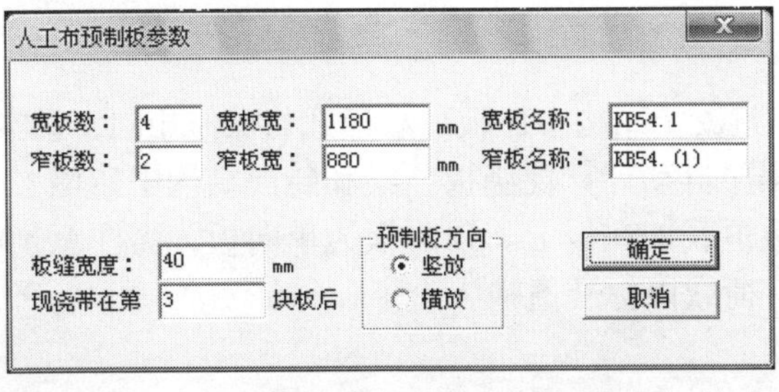

图2-86 人工布板参数

2.3.5 砖混荷载编辑

2.3.5.1 砖墙荷载编辑（图2-87）

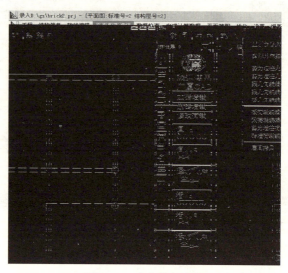

图2-87 砖墙荷载编辑

【砖墙荷载编辑】指定砖墙荷载模式。砖墙有6种荷载模式，3种恒荷载模式和3种活荷载模式，与混凝土结构中梁荷载模式及操作类似，参考本章2.1.4.2 梁荷载。

【加砖墙载】对选定的砖墙按当前荷载模式和荷载值加载。作为结构构件的砖墙自重程序会自动导荷载，这里的砖墙荷载为外加荷载，墙面抹灰在砖混总体信息中通过增加砌块自重考虑其重量，不需在此输入。

【删砖墙载】删除砖墙上显示的砖墙荷载。

【修改荷载】修改梁上对应当前荷载类型的梁荷载。

续例题二：砖墙荷载

顶层砖墙荷载计算

女儿墙自重（每单位长度自重）

240厚500高浆砌普通砖	$0.24 \times 0.5 \times 18 = 2.16$ kN/m
石灰粗砂粉刷层	0.36 kN/m
天沟（考虑弯矩影响）	2.48 kN/m
合计：	5.0 kN/m

2.3.5.2 板荷载

【现浇板荷载】与混凝土结构中加板荷载模式与操作相同，见本章2.2.4.1板荷载编辑。

【预制板荷载】程序自动计算现浇板、梁和砖混结构中砖墙、构造柱的自重，预制板自重需人工计算作为板恒载加在板上。预制板为单向板，需注意预制板的布置方向和导荷模式及导荷方向。所有荷载以标准值输入。

续例题二： 板荷载

2.1 屋面荷载计算

活载：（不上人屋面）	0.50 kN/m²
恒载：二毡三油现浇保温层	2.86 kN/m²
预制板及灌缝重	3.00 kN/m²
板底粉刷	0.36 kN/m²
恒载合计	6.22 kN/m²

2.2 楼面荷载计算

现浇板荷载标准值（厕所位置）	2.00 kN/m²
活载：（按普通住宅取值）	0.55 kN/m²
恒载：小瓷砖地面（包括水泥粗砂打底）	0.03×20= 0.60 kN/m²
30mm 1：3干硬水泥砂浆	0.36 kN/m²
板底粉刷	
恒载合计	1.51 kN/m²

2.3 预制板荷载标准值

活载：	2.00 kN/m²
恒载：180mm厚预制板及灌缝重	2.70 kN/m²
30mm 1：3水泥砂浆找平	0.03×20= 0.60 kN/m²
板底粉刷	0.36 kN/m²
恒载合计	3.66 kN/m²
恒载：120mm厚预制板及灌缝重	≈2.00 kN/m²
30mm 1：3水泥砂浆找平	0.03×20= 0.60 kN/m²
板底粉刷	0.36 kN/m²
恒载合计	2.96 kN/m²

楼面荷载输入结果见图2-88所示。

2.3.5.3 次梁荷载

次梁荷载：次梁自重及板传来的荷载程序自动导荷，次梁荷载是指隔墙及不能自动导荷的外加荷载。

续例题二：梁荷载

次梁上隔墙荷载计算：（次梁无隔墙，不需要加荷载）
阳台围护墙自重（每单位长度自重）

150厚200高预制钢筋混凝土板条	0.15×0.2×(25+2) = 0.81 kN/m
琉璃花瓶	0.12×0.9×13 = 1.40 kN/m
合计：	2.21 kN/m

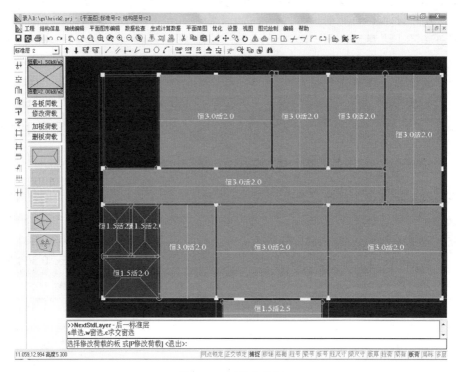

图2-88 板荷载编辑

输入荷载结果见图 2-89 所示。

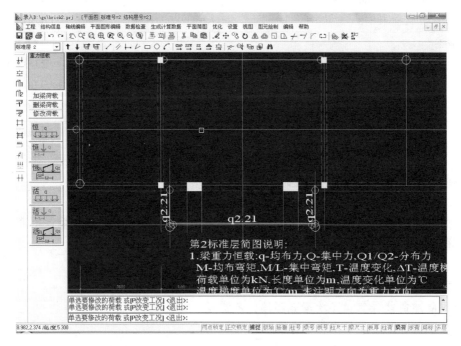

图2-89 次梁荷载编辑

2.4 数据检查

录入系统有两步数检：第一步：编辑完每一标准层，进行数据检查，检查本层数据是否合理，利用"层间编辑"工具可对多个标准层同时进行检查；第二步：生成 GSSAP 结构计算数据进行导荷载，检查竖向构件数据的合理性。数检有错误时程序会生成警告信息文件，警告信息表中的内容分为警告信息和错误信息，错误信息必须改正，警告信息则提示为非正常情况，设计者应视情况决定改正与否。

在录入系统中点击数据检查和生成计算数据的警告对话框中的警告条文，程序自动把对应的梁、柱墙、板移到屏幕正中，光标自动移到警告的梁、柱墙、板上，若对应的标准层不在录入中将自动调入。

数检没有严重错误才能进入"楼板、次梁和砖混计算"和"通用计算 GSSAP"，警告说明见附录 A。

建模完成并通过数据数检后必须生成计算数据，用 GSSAP 计算即生成 GSSAP 计算数据，方可进行下一部计算。

需要进行基础设计的需生成基础 CAD 计算数据，在基础菜单中方能打开计算数据。

2.5 计算简图和打印

录入系统具有"所见即所得"功能，屏幕显示的内容可选择"工程—打印"，由打印机打印或选择"工程—生成 DWG 文件/批量生成 DWG 文件"生成 AutoCAD12、14 和 R2000 版兼容的 DWG 格式文件，图形文件下方自带说明。

在"平面简图"菜单下选择打印模型简图，可打印构件编号、构件尺寸、构件上的荷载等图，便于设计人员校核。

【构件警告】打开警告显示，有警告构件显示红色。

2.6 其他命令操作

2.6.1 层间拷贝

编辑完一个标准层之后，跳到另外一个标准层编辑的时候会自动出现图 2-90 提示框。

此时，可以选择将已经编辑完成的任一标准层全部复制到即将编辑的标准层中。另外，也可以选择【平面图形编辑】中的【层间拷贝】，进行选择性拷贝。

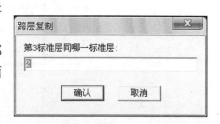

图 2-90 跨层复制提示框

2.6.2 插入工程

选择工具栏【插入工程】健，可以以一个数据为基础，把多个结构模型拼装成一个工程，用于大型复杂工程的多人合作作业。

2.6.3 寻找构件

此功能方便设计者检查构件，选择【寻找构件】出现图 2-91 对话框：

2.6.4 层间修改

选择【设置】中的【多层修改】开关，或者点取录入系统界面右下方的"多层"按钮，可以选择进行多层同时操作，例如数据检查、构件建模等等。

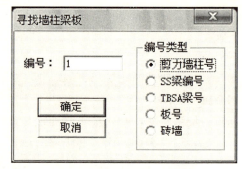

图 2-91 寻找构件对话框

练习与思考题

课堂练习题：

课堂练习题一（练习点）： 建立轴网；墙柱、梁、板输入；荷载输入；建立标准层；修改已有标准层；修改构件截面。

15 层框架—剪力墙结构，上面 2 层为纯框架。设计抗震设防烈度为 7 度，场地类别为Ⅱ类，地震分组为一组，风压标准值为 $0.3kN/m^2$。楼面荷载：恒载 $1.5\ kN/m^2$、活载 $2.5\ kN/m^2$。一、二层层高为 3.9m。三~十五层层高为 3.0m。混凝土强度等级：一~十层墙、柱为 C30，十一~十五层墙、柱为 C25。梁、板全部为 C25。墙断面均为 250mm 厚；柱断面：一~十三层为 $600×600mm^2$，十四、十五层为 $500×500mm^2$；梁断面均为 $300×500\ mm^2$，板厚为 150mm。见图 2-92。试建立此建筑物的计算模型。

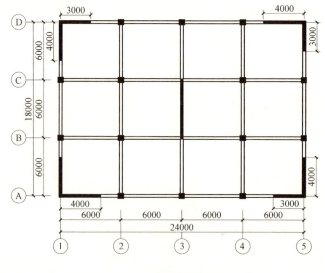

(a)

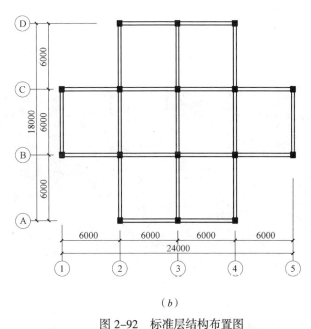

(b)

图 2-92 标准层结构布置图

(a)第一标准层结构布置图;(b)第二标准层结构布置图

课堂练习题二(练习点):设置塔块、下端连接号、标准层的划分。

该建筑为一双塔楼框架—剪力墙结构。抗震设防烈度为 7 度,场地类别为Ⅱ类,地震分组为二组,风压标准值为 $0.5kN/m^2$。楼面荷载:恒载 $2.0\ kN/m^2$、活载 $2.5\ kN/m^2$。底盘共 4 层,层高为 4.2m;两个塔楼各 10 层,层高为 3.0m。混凝土强度等级:一~四层为 C30,其余各层为 C25。构件截面尺寸为:墙厚 200mm;柱 500mm×500mm^2;普通梁 300mm×500mm^2,连梁 200mm×700mm^2,板厚 150mm。见图 2-93。

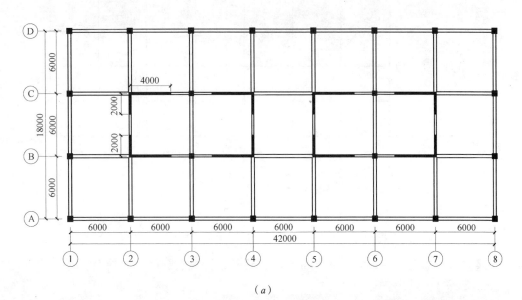

(a)

87

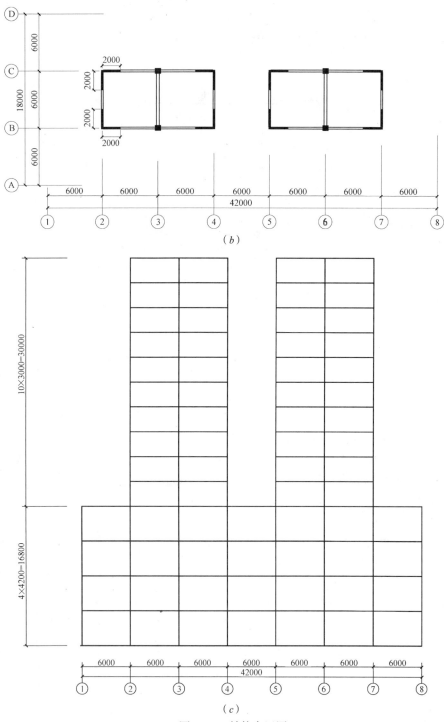

图 2-93 结构布置图

（a）第一标准层结构平面布置图；（b）第二标准层结构平面布置图；（c）剖面图

课堂练习题三（练习点）：建立轴网、墙柱、圆柱、斜柱、梁输入；荷载输入；修改平面。

该建筑为一纯框架结构。一层中部有4根垮两层的连层园柱，且在二层和顶层有斜柱。

搞震设防烈度为7度，场地类别为Ⅱ类，地震分组为一组，风压标准值为0.3kN/m²。楼面荷载恒载2.0 kN/m²活载，2.5 kN/m²。构件截面尺寸；普通柱及斜柱为400×400 mm²，连层柱为直径600mm的圆柱；梁为300×500 mm²，板厚120mm。底层层高为4.5m，其余层层高为3.0m，混凝土强度等级：一~三层为C30，其余各层为C25。见图2-94标准层一、二、三、四及剖面图。

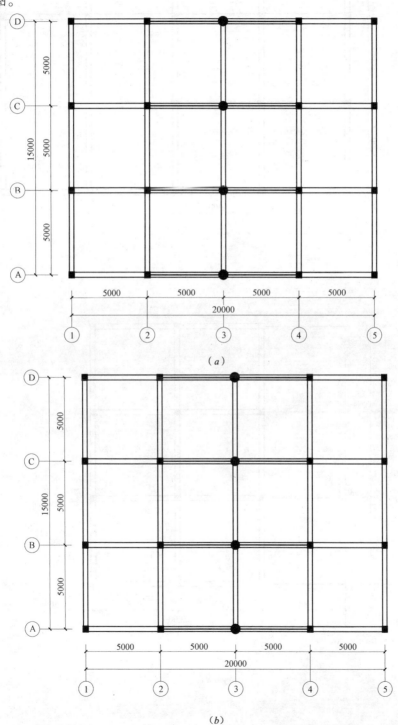

(a)

(b)

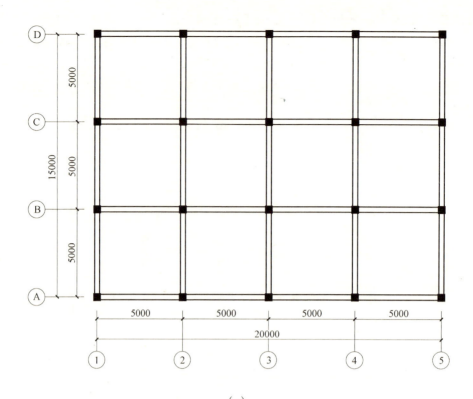

(c)

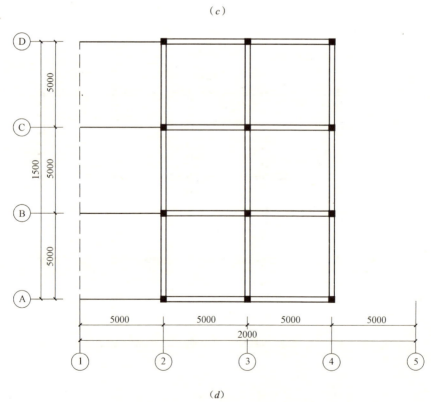

(d)

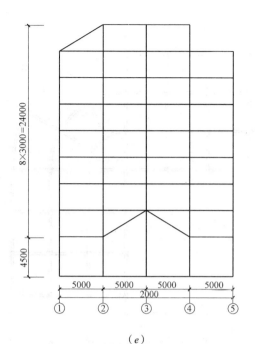

(e)

图 2-94 结构平面布置图

(a)第一标准层结构平面布置图;(b)第二标准层结构平面布置图;(c)第三标准层结构平面布置图;
(d)第四标准层结构平面布置图;(e)剖面图

课堂练习题四 (练习点):正交轴网、圆弧轴网的输入及轴网拼接。

1. 某八层框架结构,结构布置如图 2-95,轴线 A~D 为 7 层上人屋面,轴线 D~G 为 8 层不上人屋面,7 度地震区,Ⅱ类场地土,地震分组为Ⅱ组,基本风压 0.5kN/m²。层高 3.3m,柱截面 500×500mm²,梁截面 200×450mm²,板厚 100mm²,梁板混凝土标号 C25,柱混凝土标号 C30,楼面恒载 1.5 kN/m²,活载 2.5 kN/m²,上人天面恒载 2.5 kN/m²,活载 3.0 kN/m²,不上人天面恒载 2.5 kN/m²,活载 1.5 kN/m²,试建立此建筑物计算模型。

2. 当结构布置如图 2-96 时,用广厦建模,布置该结构。

课堂练习题五(练习点):综合练习,结构布置、确定构件尺寸和材料、计算荷载、对结构方案正确性进行分析并进行调整、基础设计、出施工图。

本项目为9层纯框架住宅,为丙类建筑。每层层高3m,顶层梯间层高2.8m,场地土类别为Ⅱ类,基本风压为0.5kN/m²,地面粗糙度为C类,抗震设防烈度为7度,地震分组为3组, 内外维护墙厚190mm,采用加气混凝土砌块(加气混凝土砌块容重8.5 kN/m³)。见图2-97。

要求:

1. 同学们自己设计结构方案;确定杆件截面尺寸;确定板、梁、墙柱荷载;总体信息取值。
2. 进行数据检查,并对原方案进行修改直到数检通过。
3. 进行楼板计算,确定各板的边界条件;对天面采用指定屋面板。
4. 查看计算结果,对计算结果进行分析,并对原方案进行调整,使其满足周期、振型、位移曲线、内力平衡等基本满足要求。

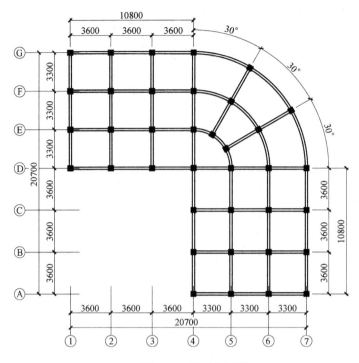

图2-95 平面布置图

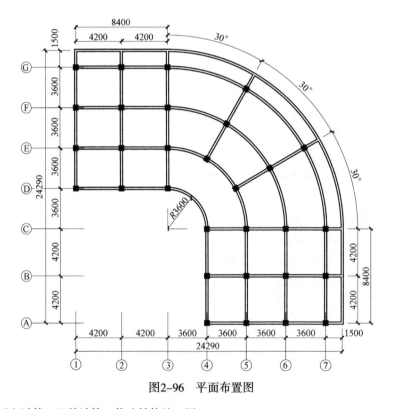

图2-96 平面布置图

5. 对结构进行计算，配筋计算。修改结构施工图。

6. 进行基础设计。

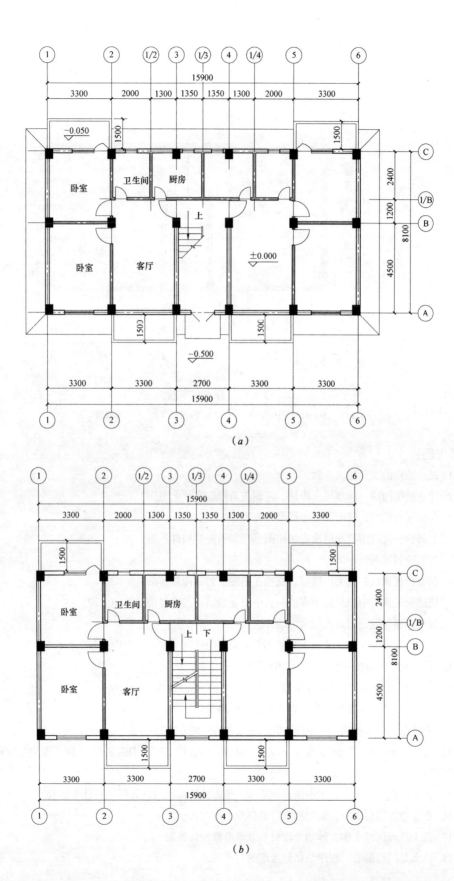

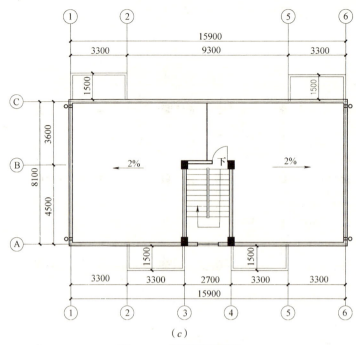

(c)

图 2-97 标准层平面图

（a）首层平面图；（b）标准层平面图；（c）天面平面图

思考题：

1. 试述结构的主要建模步骤。
2. 什么是结构层、标准层、塔块？它们与自然层有什么不同？
3. 在输入荷载时，楼面恒载包括哪些内容？
4. 如何检查荷载图？如何检查结构图形，如何寻找构件？
5. 怎么建斜屋面？
6. 怎么建悬臂梁？当无内跨梁，直接在横梁上怎么建悬臂梁？
7. 简述录入系统中三种查错方法。其中出现的错误、警告信息如何处理？
8. 列出楼梯与电梯间处板的录入的方法。
9. 地下室部分没有风荷载，当有地下室时候如何处理"地面层对应层号"？
10. 简述建悬臂板的一般过程。其中虚梁的作用是什么？
11. 什么情况下考虑竖向地震作用？
12. "基底相对地面层的标高"有什么作用？用于何处？
13. 简述鞭梢小楼层在GSSAP总体信息输入中的处理方法？
14. 层高3.6m，在3.0m的地方有一雨篷，挑出1.5m，长度8m（柱距8m），在广厦中如何输入，广厦可以计算吗？
15. 在【地震信息】中，考虑扭转耦联和不考虑扭转耦联对计算结果有什么影响？
16. 在【地震信息】中，如何选取计算振型个数？
17. 在【风荷信息】中，体型分段数和分段参数如何选取？
18. 什么是偶然偏心？程序是如何考虑的？

19. 为什么要进行周期折减？如何折减？
20. 针对梁有哪些调整系数？如何取值？
21. 什么是转换层？在有转换层的结构中框支柱和框支梁是程序自动判断还是人工设置？
22. 什么是刚性楼板假定？什么情况下使用刚性楼板假定？
23. "地震作用方向" 0°和180°是否为同一方向，"风荷载方向" 0°和180°是否为同一方向，为什么？
24. 剪力墙结构周期折减系数取多少，为什么？
25. 采用弹性楼板假定时，梁的扭矩是否折减，为什么？

第3章 楼板、次梁和砖混计算

"楼板、次梁和砖混计算"前须在录入系统中生成结构计算数据，若有警告，需处理严重的警告，然后再选择此菜单。录入系统已生成结构计算数据并已导荷，进入楼板、次梁和砖混计算系统时程序自动形成楼板、次梁和砖混计算数据，并自动计算所有标准层楼板和次梁内力及配筋；砖混部分进行抗震验算、受压验算和高厚比验算。

当在录入系统内修改了模型、数据时，需重新生成计算数据，并重新进行楼板次梁计算。若没有修改或没有生成计算数据，程序自动调用前一次的楼板、次梁和砖混计算数据。

选择【楼板、次梁和砖混计算】，进入图3-1界面。

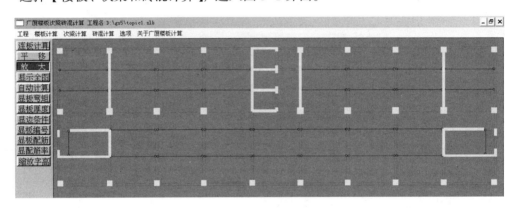

图3-1 楼板、次梁和砖混计算

3.1 楼板计算

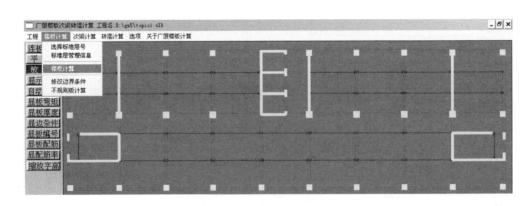

图3-2 楼板计算

【标准层管理信息】可以查看结构标准层号、每个标准层包含的层数。录入系统中板、梁、墙柱混凝土等级不同可以为同一标准层，程序会在此自动细分标准层，保证每一标准层板、梁、墙柱混凝土等级不同（图3-3）。

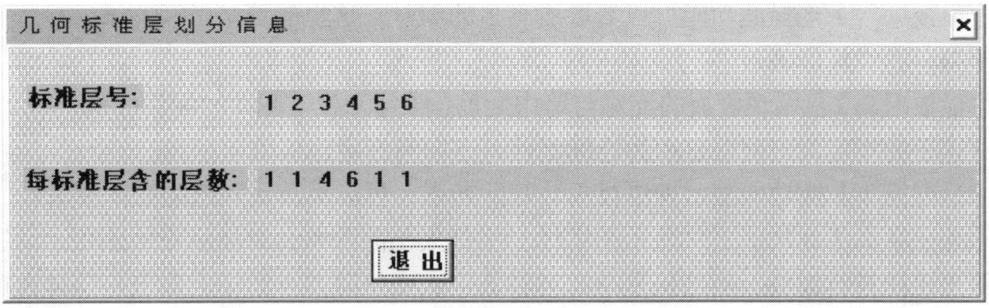

图3-3 显示标准层信息

【选择标准层号】对各标准层分开编辑时，可通过此菜单命令在各个标准层之间切换（图3-4）。

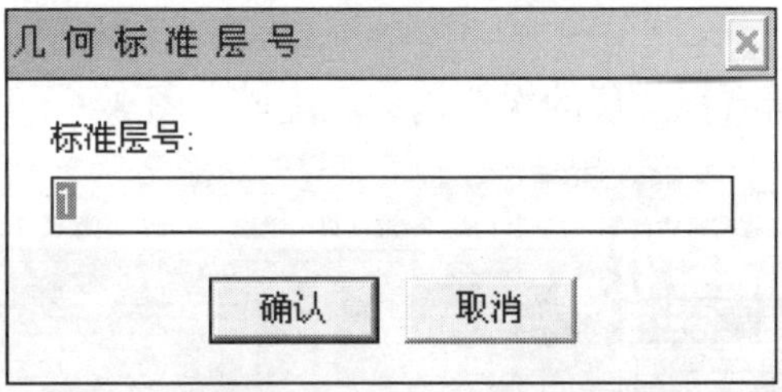

图3-4 选择标准层号

【修改边界条件】当自动计算所有标准层的楼板时，程序自动按相邻板标高差值判断边界条件，小于等于2cm为固支，显示红色；高差较大的板和边梁位置为简支，显示蓝色；飘板为自由边，显示浅蓝色，形成缺省边界条件（图3-5）。

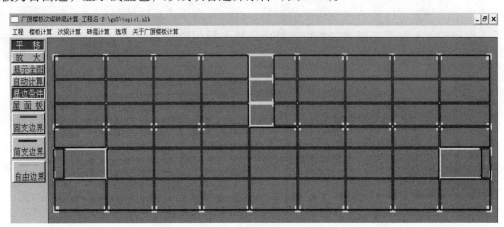

图3-5 显示边界条件

【自动计算】选择此功能将完成整个结构所有现浇楼板的弯矩、配筋计算。
【显板弯矩】选择此功能可以查取现浇板的支座与跨中弯矩值。
【显板厚度】选择此功能可以查取现浇板厚，单位为mm；预制板显示厚度为0。
【显边条件】选择此功能可以查看每块板的边界条件，分别为固定边界、简支边界和自由边界。

【显板编号】选择此功能可以查取所有板的编号,这里的编号是板的录入号,它一般不同于施工图中板的编号。

【显板配筋】显示现浇板的支座与跨中配筋量(每米板带截面的配筋面积,单位 cm^2),如果有连板的指定,则配筋显示为连续钢筋,方向与指定连板方向一致。

【显配筋率】此功能显示现浇板的计算配筋率,可能不满足规范配筋率要求。

【缩放字高】此功能是对显示的字体、字符大小的调整,对显示在绘图板上的字符字高按给出比例进行缩放。当结构复杂、各种数字太密集时,可运用此命令将字体改变到适合的大小显示。

3.2 次梁计算

次梁计算菜单计算所有标准层的次梁内力和配筋(图3-6)。

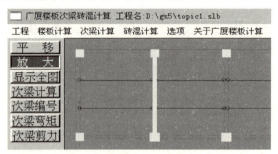

图3-6 次梁计算

【次梁编号】可以显示各个次梁的编号,此编号为录入系统的编号。
【次梁弯矩】显示次梁两端弯矩与跨中弯矩,显示形式为:

$$-39.7/8.8/-21.2$$

表示: 梁左支座/跨中/右支座弯矩(单位 $kN \cdot m$)

【次梁剪力】显示此跨梁最大剪力。显示形式为:

$$43.3$$

表示: 本跨梁最大剪力(单位 kN)

3.3 砖 混 计 算

【抗震验算】给出抗震验算的结果:抗力和荷载效应比,蓝色数据为各大片墙体(包括门窗洞口在内)的验算结果,黑色数据为各门窗间墙段的验算结果。当没有门、窗洞时,两结果相同。当大于等于1时,满足抗震强度要求;当小于1时,此时整片墙抗震验算结果后显示按计算得到的该墙体层间竖向截面中所需水平钢筋的总截面面积(单位为 cm^2),供设计者配筋时使用如图 3-7、图 3-8 所示。

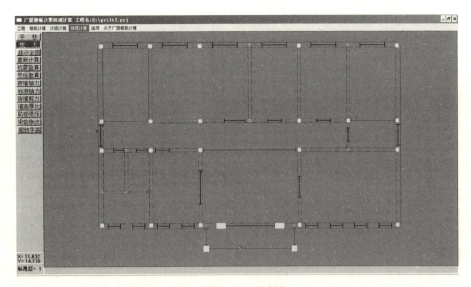

图3-7 砖混计算

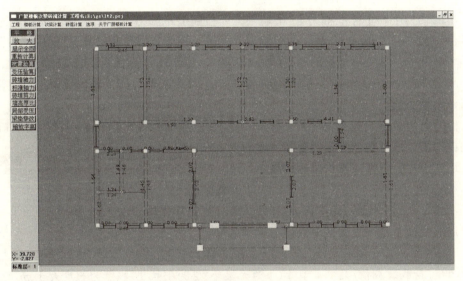

图3-8 抗震验算

图形下面标出的内容是:

G——该层的重力荷载代表值（kN）;

F——该层的水平地震作用标准值（kN）;

V——该层的水平地震剪力（kN）;

LD——地震烈度;

GD——楼面刚度类别;

M——本层砂浆强度等级;

MU——本层砌块强度等级。

【受压验算】给出受压验算的结果：抗力和荷载效应比，当≥1时满足受压验算，已考虑受压构件承载力的影响系数，蓝色数据为各大片墙体(包括门窗洞口在内)的验算结果，黑色数据为各门窗间墙段的验算结果，见图3-9。

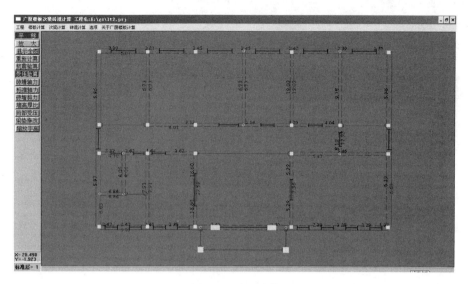

图3-9 受压验算

【砖墙轴力】和【标准轴力】"砖墙轴力"按钮显示轴力设计值，轴力设计值为"1.2恒+1.4活"和"1.35恒+0.98活"两组数据取大值，用于砖墙受压验算；"标准轴力"按钮显示轴力标准值，轴力标准值为"1.0恒+1.0活"，用于计算砖墙下条形基础的宽度，单位kN/m，蓝色数据为各大片墙体(包括门窗洞口在内)每延米轴力值，黑色数据为各门窗间墙段的每延米轴力值。

【砖墙剪力】给出剪力设计值，单位 kN，蓝色数据为各大片墙体(包括门窗洞口在内)的剪力设计值，黑色数据为各门窗间墙段的剪力设计值。

【墙高厚比】每墙段显示验算结果。

$$11.9/26.0$$

计算的高厚比 β /经修正的容许高厚比值 $\mu_1\mu_2[\beta]$ 应＜1

【局部受压】每个受压区节点显示验算结果。

$$88 / 43 / 1$$

抗力值/荷载效应值/梁垫类型号（1为无梁垫；2为刚性垫块；3为长度大于 πh_0 的垫梁）当抗力大于等于荷载效应时，满足局部受压承载力要求。

【梁垫修改】点按【梁垫修改】进入图 3-10 界面，可以对无梁垫、刚性垫块、长度大于 πh_0 的梁垫尺寸进行修改。

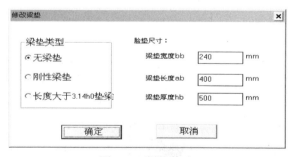

图3-10 梁垫修改

3.4 砖混结果总信息

在"楼板、次梁和砖混计算"完成后应查看"砖混结果总信息"，砖混结果总信息包括：总信息、层高、材料、各层重量、砖混底层墙、柱荷载设计值、参考侧向刚度。

每层墙柱、梁、板按"重量=恒载+活载"，显示格式如下：

续例题二：

1. 各层重量

No. Floor	Weight (kN)	X_coord (m)	Y_coord (m)
3	4451	10.61	6.52
2	3871	10.84	6.36
1	4320	10.83	6.18

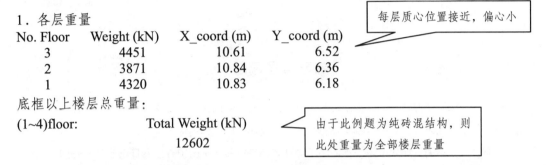
每层质心位置接近，偏心小

底框以上楼层总重量：
(1~4)floor: Total Weight (kN)
　　　　　　　　12602

由于此例题为纯砖混结构，则此处重量为全部楼层重量

2. 砖混底层墙、柱荷载设计值
Floor = 1

柱号	DeadLoad	LiveLoad	N/fc*A
C = 1	15.91	0.00	0.02
C = 2	15.91	0.00	0.02
C = 3	98.52	10.74	0.16
C = 4	15.91	0.00	0.02
C = 5	10.78	0.00	0.02
C = 6	10.78	0.00	0.02
C = 7	98.52	10.74	0.16
C = 8	15.91	0.00	0.02
C = 9	82.76	0.00	0.12
C = 10	22.93	0.00	0.01
C = 11	480.56	60.01	0.79
C = 12	15.91	0.00	0.02
C = 13	15.91	0.00	0.02
C = 14	15.91	0.00	0.02
C = 15	22.93	0.00	0.01
C = 16	553.51	66.68	0.90
C = 17	223.46	6.67	0.34
C = 18	83.67	0.00	0.12
C = 19	69.39	38.10	0.16
C = 20	15.91	0.00	0.02
C = 21	142.90	6.67	0.22
C = 22	210.17	33.34	0.36
C = 23	15.91	0.00	0.02
C = 24	51.06	6.43	0.03
C = 25	51.06	6.43	0.03

纯砖混结构轴压比只作参考，当为底框或混合结构时，需要在 SS 或 GSSAP 中考虑

3．参考侧向刚度

层号	X 侧向刚度	与下层侧向刚度比
3	2994732	0.99
2	3024370	1.38
1	2192482	

层号	Y 侧向刚度	与下层侧向刚度比
3	6243622	0.94
2	6654496	1.08
1	6188092	

练习与思考题

1. 楼板、次梁和砖混计算中，现浇板与预制板的内力与配筋显示有什么不同？
2. 楼板、次梁和砖混计算中，哪些计算只计算当前标准层？哪些计算全部标准层？
3. 本章有关显示编号命令中，显示的结果是什么编号？与施工图中各个构件编号是否相同？
4. 如何指定不规则多边形板为单向板或双向板？
5. 指定为屋面板对设计有什么影响？
6. 连板功能对板配筋有何影响？

第4章 通用分析程序 GSSAP

当今国内外建筑结构计算的发展已进入通用分析时代，广厦 GSSAP 是通用有限元分析与设计程序，设计部分紧密结合最新的结构设计规范；力学计算部分采用通用有限元分析架构，使其在分析上具备通用性，能满足结构设计复杂化和计算功能细致化的要求，可以适用于各种结构形式的建筑结构分析与设计软件。GSSAP 与广厦建筑结构 CAD 相接，可以完成从三维建模、通用有限元分析、基础设计到施工图生成一体化的结构设计平台。

程序在完成了"楼板、次梁和砖混计算"后，进入"通用计算 GSSAP"，计算结果有"文本方式"和"图形方式"两种显示方式，设计人员应查看计算结果，分析结构方案的合理性，对出现警告信息和结构方案不合理的情况需调整至合理后才能进入下一步的配筋系统。

对比审图功能用于 GSSAP、SATWE 和 ETABS 及其不同版本和不同模型之间的快速比较和审图，让审图和设计人员快速了解以上软件版本升级和结果方案修改对计算结果的影响。

需要说明的是在该模块显示的梁纵筋未做裂缝、挠度验算；柱纵筋未做双向偏压验算，可能不满足规范的构造要求，所以这里的计算结果不作为送审资料，只作为设计人员进行分析之用。而在"施工图系统"显示的配筋已做裂缝、挠度验算及柱纵筋双向偏压验算，作为送审资料。

下面分别分析查看"文本方式"和"图形方式"。

4.1 GSSAP 结果文本方式

4.1.1 "GSSAP 结果总信息"文本文件及分析

1. 结构信息

在"主菜单"点按"文本方式"，弹出如图 4-1 菜单，选择结构总信息下"1、结构信息"，在写字板中自动打开文本文件"工程名_结构信息.txt"。显示内容：结构总体信息；各层信息；各层的重量、重心、刚度中心和偏心率；层风荷载；侧向刚度比。

1) 各层的重量、重心、刚度中心和偏心率

恒载、活载、重量和质量分别为本层全部墙柱、梁、板合计的重力恒载、重力活载、重量和质量，每层墙柱、梁、板按"重量=恒载+活载"和"质量=恒载+折减系数×活载"统计。质心和刚心坐标为相对于总体坐标系的坐标。显示格式如下：

图 4-1 计算结果文本输出选择

续例题一：

各层的重量、质心和刚度中心

重量=恒载+活载

质量=恒载+0.50 活载

> 质心与刚心接近，偏心小

层号	塔号	恒载(kN)	活载(kN)	重量(kN)	质量(kN)	质量比	质心(X,Y)(m)		刚心(X,Y)(m)		偏心率(X,Y)	
1	1	9643	1539	11182	10413	0.90	39.597	30.656	39.279	30.030	0.018	0.038
2	1	8634	1529	10163	9398	0.96	39.295	30.621	39.283	30.060	0.001	0.033
3	1	8256	1528	9783	9020	1.00	39.290	30.593	39.271	30.020	0.001	0.034
4	1	8256	1528	9783	9020	1.00	39.290	30.593	39.271	30.020	0.001	0.034
5	1	8256	1528	9783	9020	1.00	39.290	30.593	39.271	30.020	0.001	0.034
6	1	8256	1528	9783	9020	0.98	39.290	30.593	39.271	30.020	0.001	0.034
7	1	8107	1528	9635	8871	1.00	39.502	30.595	39.684	30.005	0.010	0.035
8	1	8107	1528	9635	8871	1.00	39.502	30.595	39.684	30.005	0.010	0.035
9	1	8107	1528	9635	8871	1.00	39.502	30.595	39.684	30.005	0.010	0.035
10	1	8107	1528	9635	8871	1.00	39.502	30.595	39.684	30.005	0.010	0.035
11	1	8107	1528	9635	8871	1.00	39.502	30.595	39.684	30.005	0.010	0.035
12	1	8107	1528	9635	8871	1.06	39.502	30.595	39.684	30.005	0.010	0.035
13	1	8662	1517	10179	9420	1.00	39.273	30.782	39.266	29.979	0.000	0.048
14	1	810	76	886	848	1.00	39.296	30.685	39.995	29.894	0.035	0.039

合计： 109416   19940   129356   119386   最大上下层质量比:1.06

各层的柱面积、短肢墙面积、一般墙面积、墙总长、建筑面积、单位面积重量

单位面积重量=(恒载+活载)/建筑面积

层号	塔号	柱面积(m^2)	短肢墙面积(m^2)	一般墙面积(m^2)	墙总长(m)	建筑面积(m^2)	单位面积重量(kN/m^2)
1	1	13.32	0.00	18.81	75.25	741.31	15.08
2	1	13.32	0.57	17.49	72.25	741.00	13.71
3	1	11.61	0.57	17.49	72.25	740.62	13.21
4	1	11.61	0.57	17.49	72.25	740.62	13.21
5	1	11.61	0.57	17.49	72.25	740.62	13.21
6	1	11.61	0.57	17.49	72.25	740.62	13.21
7	1	9.81	0.57	17.49	72.25	740.62	13.01
8	1	9.81	0.57	17.49	72.25	740.62	13.01
9	1	9.81	0.57	17.49	72.25	740.62	13.01
10	1	9.81	0.57	17.49	72.25	740.62	13.01
11	1	9.81	0.57	17.49	72.25	740.62	13.01
12	1	9.81	0.57	17.49	72.25	740.62	13.01
13	1	7.71	0.57	17.49	72.25	761.50	13.37
14	1	2.10	0.00	0.00	0.00	76.31	11.61

合计：   141.75   6.90   228.66   942.25   9726.27   13.30

> 比预计的 12.0kN/m^2 大

2）风荷载

每层每个风作用方向总荷载包括按层导算的风荷载或者设计者直接加到构件上的风荷载。显示格式如下：

续例题一：

层号	塔号	0度风(kN)	90度风(kN)	180度风(kN)	270度风(kN)
1	1	0.00	0.00	0.00	0.00
2	1	37.81	122.11	37.81	122.11
3	1	37.57	120.42	37.57	120.42
4	1	39.35	125.66	39.35	125.66
5	1	43.92	140.01	43.92	140.01
6	1	47.97	152.67	47.97	152.67
7	1	51.33	164.20	51.33	164.20
8	1	54.76	174.94	54.76	174.94
9	1	58.02	185.13	58.02	185.13
10	1	61.17	194.91	61.17	194.91
11	1	64.23	204.43	64.23	204.43
12	1	67.92	213.77	67.92	213.77
13	1	70.95	223.03	70.95	223.03
14	1	61.12	72.10	61.12	72.10
合计:		696.12	2093.38	696.12	2093.38

（按层导算风荷载，计算总信息设定的四个方向）

3）侧向刚度比

刚度是指产生单位位移所需要的力，表达式：刚度=单位力/位移；

侧向刚度比是指任意一层的层侧向刚度与上一层侧向刚度的比值。侧向刚度比主要是控制结构竖向规则性，以免竖向刚度突变形成软弱层。

$$刚度比 = \frac{刚度（上层）\times 层高（上层）}{刚度（本层）\times 层高（本层）}$$

$$= \frac{位移（本层）\times 层高（上层）}{位移（上层）\times 层高（本层）}$$

程序地震信息中输出每个地震作用方向的侧向刚度比。

结构侧向刚度包括每层的侧向刚度计算和转换层上下侧向刚度计算，并按每个地震方向分别计算每层的侧向刚度和转换层上下侧向刚度，并计算多个转换层上下侧向刚度。

当外力作用于整个结构上时通过求位移再求层侧向刚度，将无法扣除其下一层转动对本层产生的无害位移，因此程序取每一层作为一个小结构单独作用外力，通过求位移再求侧向刚度，达到只用有害位移求侧向刚度的目的。

当不满足刚度比的要求时程序输出地震剪力增大系数，并自动放大本层墙柱地震剪力。程序计算在总体信息中设置的各"地震作用方向"的层刚度比和刚度。

显示格式如下：

续例题一：

层刚度比

刚度=单位力/位移

刚度比=刚度2×层高2/(刚度1×层高1)(高规附录E.0.3)， 一层时为剪切刚度比

0（度）方向..................

层号	塔号	层侧向刚度	本层/上层	最小比值	本层/上三层平均值	最小比值	地震剪力增大
1	1	19485656	1.01	0.70	0.98	0.80	1.00
2	1	21536990	0.96	0.70	0.96	0.80	1.00
3	1	24422926	1.00	0.70	1.00	0.80	1.00
4	1	24422920	1.00	0.70	1.01	0.80	1.00
5	1	24422920	1.00	0.70	1.01	0.80	1.00
6	1	24422932	1.02	0.70	1.02	0.80	1.00
7	1	24054170	1.00	0.70	1.00	0.80	1.00
8	1	24054194	1.00	0.70	1.00	0.80	1.00
9	1	24054170	1.00	0.70	1.00	0.80	1.00
10	1	24054194	1.00	0.70	1.01	0.80	1.00
11	1	24054194	1.00	0.70			1.00
12	1	24054194	1.02	0.70			1.00
13	1	23472466					1.00
14	1	236606					1.00

大于最小值，满足要求

刚度比满足要求，不需要调整地震力剪力

楼层侧向刚度=层剪力/层间位移（抗规3.4.3条文说明）

0（度）方向..................

层号	塔号	层侧向刚度	本层/上层	最小比值	本层/上三层平均值	最小比值	地震剪力增大
1	1	9120723	2.04	0.70	2.61	0.80	1.00
2	1	4480962	1.33	0.70	1.64	0.80	1.00
3	1	3374285	1.27	0.70	1.51	0.80	1.00
4	1	2647996	1.21	0.70	1.39	0.80	1.00
5	1	2191322	1.17	0.70	1.31	0.80	1.00
6	1	1877135	1.14	0.70	1.26	0.80	1.00
7	1	1644944	1.11	0.70	1.22	0.80	1.00
8	1	1477536	1.10	0.70	1.22	0.80	1.00
9	1	1344864	1.10	0.70	1.27	0.80	1.00
10	1	1223673	1.13	0.70	1.47	0.80	1.00
11	1	1079256	1.24	0.70			1.00
12	1	867857	1.58	0.70			1.00
13	1	550125					1.00
14	1	88687					1.00

考虑层高修正的楼层侧向刚度比=下层侧向刚度×下层层高/上层侧向刚度×上层层高（高规3.5.2条文）

0（度）方向..

层号	塔号	层高	本层/上层	最小比值	地震剪力增大
1	1	4000	2.26	0.90	1.00
2	1	3600	1.45	1.50	1.25
3	1	3300	1.27	0.90	1.00
4	1	3300	1.21	0.90	1.00
5	1	3300	1.17	0.90	1.00
6	1	3300	1.14	0.90	1.00
7	1	3300	1.11	0.90	1.00
8	1	3300	1.10	0.90	1.00
9	1	3300	1.10	0.90	1.00
10	1	3300	1.13	0.90	1.00
11	1	3300	1.24	0.90	1.00
12	1	3300	1.58	0.90	1.00
13	1	3300			1.00
14	1	3100			1.00

2. 结构位移

显示重力恒载和重力活载下 Z 向最大位移、各方向风荷载作用下的位移和各方向地震作用下的位移。不论总体信息是否设置所有楼层强制采用刚性楼板假定，所有楼层位移都是在楼层强制平面无限刚假定下计算的位移，用于结构整体分析。

1) 重力恒载和重力活载下 Z 向最大位移

输出重力恒载和重力活载下层号、对应的构件编号和 Z 向最大位移（mm）。若总体信息考虑模拟施工，重力恒载下的位移为考虑模拟施工的每层实际最大位移。

续例题一：

工况 1—重力恒载

层号	塔号	构件编号	Z向最大位移（mm）
1	1	柱 17	1.02
2	1	柱 17	1.84
3	1	柱 11	2.45
4	1	柱 11	3.10
5	1	柱 11	3.57
6	1	柱 11	3.86
7	1	柱 11	4.08
8	1	柱 11	4.09
9	1	柱 11	3.91
10	1	柱 11	3.52
11	1	柱 11	2.93
12	1	柱 11	2.16
13	1	柱 18	1.19
14	1	柱 8	0.14

最大位移=4.09mm(及其层号=8)

```
工况  2 — 重力活载
   层号   塔号   构件编号      Z向最大位移(mm)
    1     1     柱  17         0.21
    2     1     柱  17         0.39
    3     1     柱  11         0.56
    4     1     柱  11         0.75
    5     1     柱  11         0.91
    6     1     柱  11         1.06
    7     1     柱  11         1.21
    8     1     柱  11         1.33
    9     1     柱  11         1.44
   10     1     柱  11         1.52
   11     1     柱  11         1.58
   12     1     柱  11         1.63
   13     1     柱  11         1.65
   14     1     柱   7         0.54
   ------------------------------------
   最大位移=1.65mm(及其层号=13)
```

2）各方向风荷载作用下的位移

《高层建筑混凝土结构技术规程》3.7.3 规定，按弹性方法计算的楼层层间最大位移与层高之比 $\Delta u/h$ 宜符合以下规定：

（1）高度不大于 150m 的高层建筑，其楼层层间最大位移与层高之比 $\Delta u/h$ 不宜大于表 4—1 的限值；

楼层层间最大位移与层高之比的限值　　　　表 4-1

结 构 类 型	$\Delta u/h$ 限 值
框架	1/550
框架-剪力墙、框架-核心筒、板柱-剪力墙	1/800
筒中筒、剪力墙	1/1000
框支层	1/1000

（2）高度等于或大于 250m 的高层建筑，其楼层层间最大位移与层高之比 $\Delta u/h$ 不宜大于 1/500；

（3）高度在 150~250m 之间的高层建筑，其楼层层间最大位移与层高之比 $\Delta u/h$ 的限值按 1、2 的限值线性插入取用。

注：楼层层间最大位移 Δu 以楼层最大的水平位移计算，不扣除整体弯曲变形。抗震设计时，本条规定的楼层位移计算不考虑偶然偏心的影响。

输出各方向风荷载作用下的水平最大位移、最大层间位移、层位移比、层间位移比和层间位移角。

有害位移比例是指各楼层构件自身变形引起的位移占该层层间总位移的比值。

续例题一：

工况　3—0 度风荷载

位移与风同方向，单位为 mm

层位移比=最大位移/层平均位移

层间位移比=最大层间位移/平均层间位移

层号	塔号	构件编号		水平最大位移	层平均位移	层位移比	层高(mm)	有害位移
		构件编号		最大层间位移	平均层间位移	层间位移比	层间位移角	比例(%)
1	1	墙	32	0.08	0.08	1.00	4000	
		墙	32	0.08	0.08	1.00	1/9999	100.00
2	1	墙	33	0.25	0.25	1.00	3600	
		墙	33	0.16	0.16	1.00	1/9999	100.00
3	1	墙	33	0.45	0.45	1.00	3300	
		墙	33	0.21	0.21	1.00	1/9999	100.00
4	1	墙	33	0.70	0.70	1.00	3300	
		墙	33	0.25	0.25	1.00	1/9999	100.00
5	1	墙	33	0.98	0.98	1.00	3300	
		墙	33	0.28	0.28	1.00	1/9999	100.00
6	1	墙	33	1.28	1.26	1.01	3300	
		墙	33	0.30	0.30	1.00	1/9999	100.00
7	1	墙	33	1.59	1.57	1.01	3300	
		柱	3	0.31	0.31	1.00	1/9999	100.00
8	1	墙	33	1.90	1.89	1.01	3300	
		柱	4	0.32	0.32	1.00	1/9999	100.00
9	1	墙	33	2.22	2.21	1.00	3300	
		柱	4	0.32	0.32	1.00	1/9999	100.00
10	1	墙	33	2.54	2.53	1.00	3300	
		柱	4	0.32	0.32	1.00	1/9999	100.00
11	1	墙	33	2.85	2.84	1.00	3300	
		柱	4	0.32	0.32	1.00	1/9999	100.00
12	1	墙	33	3.15	3.15	1.00	3300	
		柱	4	0.31	0.31	1.00	1/9999	100.00
13	1	柱	1	3.45	3.45	1.00	3300	
		柱	4	0.30	0.30	1.00	1/9999	100.00
14	1	柱	3	3.97	3.97	1.00	3100	
		柱	3	0.52	0.52	1.00	1/5979	100.00

最大层间位移角=1/5979（及其层号=14）

符合表 4-1 要求

3）各方向地震作用下的位移

输出各方向地震作用（若考虑偶然偏心和双向地震时，还包括每个方向的偶然偏心和双向地震）的水平最大位移、最大层间位移、层位移比、层间位移比和层间位移角。程序先求各振型下水平最大位移和最大层间位移，再通过各振型位移的均方根得到位移。

续例题一：

工况　7—地震方向0度
位移与地震同方向,单位为mm
层位移比=最大位移/层平均位移
层间位移比=最大层间位移/平均层间位移

> 位移比<1.5,按中震弹性设计

层号	塔号	构件编号	水平最大位移	层平均位移	层位移比	层高(mm)	有害位移
		构件编号	最大层间位移	平均层间位移	层间位移比	层间位移角	比例(%)
1	1	墙　32	0.37	0.37	1.00	4000	
		墙　32	0.37	0.37	1.00	1/9999	100.00
2	1	墙　33	1.11	1.07	1.04	3600	
		墙　33	0.74	0.74	1.00	1/4887	100.00
3	1	墙　33	2.04	1.98	1.03	3300	
		墙　33	0.93	0.93	1.00	1/3539	100.00
4	1	墙　33	3.15	3.07	1.03	3300	
		墙　33	1.12	1.10	1.02	1/2957	10.13
5	1	墙　33	4.39	4.29	1.02	3300	
		墙　33	1.25	1.23	1.01	1/2636	7.34
6	1	墙　33	5.72	5.61	1.02	3300	
		墙　33	1.35	1.33	1.01	1/2446	6.25
7	1	墙　33	7.12	7.00	1.02	3300	
		柱　　3	1.42	1.41	1.01	1/2324	4.45
8	1	墙　33	8.55	8.42	1.01	3300	
		墙　33	1.46	1.45	1.01	1/2263	4.52
9	1	墙　33	9.98	9.86	1.01	3300	
		墙　33	1.47	1.47	1.01	1/2238	3.79
10	1	墙　33	11.41	11.28	1.01	3300	
		墙　33	1.47	1.46	1.00	1/2245	3.07
11	1	墙　33	12.82	12.69	1.01	3300	
		墙　33	1.45	1.44	1.00	1/2279	2.34
12	1	墙　33	14.20	14.07	1.01	3300	
		墙　33	1.41	1.41	1.00	1/2334	9.03
13	1	墙　33	15.54	15.42	1.01	3300	
		柱　　4	1.38	1.38	1.00	1/2395	6.95
14	1	柱　　6	16.91	16.82	1.01	3100	
		柱　　6	1.54	1.53	1.01	1/2015	35.43

最大层间位移角= 1/2015（及其层号=14）

按弹性方法计算的楼层层间最大位移与层高之比 $\Delta u/h$:

  0 方向风= 1/5979（及其层号=14）
  90 方向风= 1/4194（及其层号=14）
  180 方向风= 1/5979（及其层号=14）
  270 方向风= 1/4194（及其层号=14）
  0 方向地震= 1/2015（及其层号=14）
  90 方向地震= 1/2332（及其层号=14）

均符合表 4-1

3. 周期和地震作用

显示折减前振动周期(秒)、振型参与质量；平动系数；周期比控制；最不利地震方向和各地震作用工况的标准值。当总体信息设置了所有楼层强制采用刚性楼板假定时，显示的是楼层平面无限刚下的周期和地震作用，若设置了楼层采用实际模型计算，显示的是实际模型下的周期和地震作用。

1）折减前振动周期(秒)、振型参与质量

应保证累加振型参与质量≥90%，当结构扭转不大时，扭转振型可不满足 90%；平动振型必须满足≥90%；当加大振型数仍不能满足振型参与质量≥90%的要求时，可在总体信息中将"全楼地震力放大系数"加大。

可选第 1 平动周期乘周期折减系数作为风计算信息中结构自振基本周期。

续例题一：

折减前振动周期(秒)、振型参与质量

振型号	周期(秒)	单个振型参与质量(%)			累加振型参与质量(%)		
		X平动	Y平动	扭转	X平动	Y平动	扭转
1	1.120040	67.57	0.02	0.05	67.57	0.02	0.05
2	0.894824	0.04	62.15	5.83	67.61	62.17	5.88
3	0.843231	0.01	5.67	63.18	67.62	67.84	69.06
4	0.268020	17.05	0.01	0.63	84.66	67.85	69.69
5	0.228087	0.84	1.30	14.18	85.50	69.15	83.86
6	0.216484	0.02	17.02	1.28	85.52	86.17	85.14
7	0.127585	3.24	0.00	0.28	88.77	86.17	85.42
8	0.114736	0.01	1.81	0.23	88.77	87.99	85.64
9	0.113031	0.19	0.03	3.54	88.96	88.01	89.18
10	0.105733	3.39	0.01	0.91	92.35	88.03	90.09
11	0.094482	0.00	4.64	0.02	92.35	92.66	90.10
12	0.089364	0.04	0.00	1.25	92.39	92.66	91.35
合计:					92.39	92.66	91.35

到 12 振型时 X、Y、扭转振型参与质量达到 90%以上,振型数满足要求

2）平动系数和扭转系数

扭转系数可判定一个周期是扭转振动还是平动振动。扭转系数等于1,该周期为纯扭转振动周期；平动系数等于1,则该周期为纯平动振动周期；其振动方向为 Angle, Angle=0 为 x 方向平动, Angle=90 度为 Y 方向平动, 否则为沿 Angle 角度的空间振动。当扭转系数和平动系数都不等于1,则该周期为扭转振动和平动振动混合周期。

对多塔结构,平动系数和扭转系数分塔输出,不同塔平动系数和扭转系数可能不同。

续例题一：

平动系数和扭转系数

结构层　1-14（塔1）平动系数和扭转系数…………

振型号	周期(秒)	转角(度)	平动系数(X+Y)	扭转系数
1	1.120040	1.10	1.00(1.00+0.00)	0.00
2	0.894824	91.51	0.92(0.00+0.92)	0.08
3	0.843231	94.49	0.08(0.00+0.08)	0.92
4	0.268020	1.69	0.95(0.95+0.00)	0.05
5	0.228087	124.58	0.12(0.04+0.07)	0.88
6	0.216484	91.99	0.93(0.00+0.92)	0.07
7	0.127585	1.03	0.93(0.93+0.00)	0.07
8	0.114736	97.02	0.96(0.02+0.95)	0.04
9	0.113031	22.61	0.33(0.28+0.06)	0.67
10	0.105733	3.65	0.76(0.75+0.00)	0.24
11	0.094482	90.62	0.99(0.00+0.99)	0.01
12	0.089364	16.34	0.02(0.02+0.00)	0.98

（第一周期为纯 X 方向平动周期）

（第一扭转周期带有 Y 方向平动）

周期比控制：

周期比=扭转第1周期/平动第1周期

周期比侧重控制的是侧向刚度与扭转刚度之间的一种相对关系,而非其绝对大小,目的是使建筑物抗侧力构件平面布置时即要考虑抗侧刚度同时兼顾抗扭刚度,从而有效减小地震扭转效应。

高层结构设计中周期比不满足要求,说明结构的抗扭刚度不够,应首先调整结构抗侧力刚度和质量的均匀性；再相对加强外圈刚度、削弱内筒刚度提高抗扭能力；最后验算周期比、位移比,这个顺序不能颠倒或遗漏。在周期比控制上认为结构的抗侧力刚度大,就意味着抗扭特性好；几何上、视觉上很规则的结构抗扭特性就好是不对的。

多塔结构周期比按每个塔输出,需控制每个塔楼的周期比<90%；A级高度的高层结构周期比<90%, B级高度的高层结构周期比<85%, 多层结构没有此要求。程序自动判断扭转第1周期和平动第1周期,第1个扭转系数>0.5的周期为扭转第1周期。

续例题一：

扭转第1周期/平动第1周期=0.843231/1.120040=75.29%＜90%满足要求

3）最不利地震方向

每个塔输出最不利地震方向，若最不利地震方向与所计算的地震作用方向>15⁰时，需增加该方向的地震计算。

显示格式如下：

续例题一：

本塔最不利地震方向=3.60度

（<15°，不需要增加计算角度）

4）各地震作用工况的标准值

输出每个地震作用方向各个振型和结构总的 X 方向作用、Y 方向作用和扭矩。各地震方向所有振型按均方根求得 X 方向总作用、Y 方向总作用及总扭矩。

续例题一：

地震方向 0.00 度..................................

振型　1

层号	塔号	X 方向作用(kN)	Y 方向作用(kN)	扭矩(kN.m)
1	1	10.12	-0.18	-14.18
2	1	30.34	-0.51	-33.29
3	1	54.60	-0.95	-50.87
4	1	85.64	-1.53	-69.12
5	1	120.90	-2.22	-85.77
6	1	159.16	-2.96	-100.35
7	1	196.16	-3.77	-110.29
8	1	236.82	-4.54	-119.82
9	1	277.72	-5.32	-126.17
10	1	318.26	-6.09	-129.07
11	1	358.01	-6.84	-128.40
12	1	396.77	-7.58	-124.22
13	1	459.78	-8.69	-118.13
14	1	45.52	-0.86	-12.56
合计：		2749.79	-52.03	-1222.23

振型　2

……

0.00 度总的地震作用：

　　X 方向作用=3249.54（kN）

　　Y 方向作用=104.18（kN）

　　　扭矩=6803.37（kN·m）

4. 地震反应谱分析结果

0.0 度方向..

层号	塔号	地震力(kN)	地震剪力(kN)	倾覆弯矩(kN·m)	地震剪力换算的水平力(kN)
1	1	104.45	3249.54	90669.39	53.28
2	1	237.65	3196.26	79035.35	123.94
3	1	333.28	3072.32	69012.77	170.13
4	1	402.47	2902.20	60324.78	196.66
5	1	434.39	2705.54	52157.80	200.40
6	1	441.47	2505.14	44490.33	190.96
7	1	428.39	2314.17	37260.91	175.08
8	1	411.03	2139.10	30399.20	167.89
9	1	380.19	1971.20	23858.75	180.77
10	1	353.85	1790.43	17651.05	232.28
11	1	379.98	1558.15	11885.37	331.60
12	1	484.61	1226.55	6804.60	469.81
13	1	673.95	756.74	2794.82	621.46
14	1	135.28	135.28	419.37	135.28

90.0度方向……

4. 水平力效应验算

1）重力二阶效应及结构稳定

当总体信息中选择"考虑重力二阶效应"为1放大系数或2修正总刚时输出此项内容。选择放大系数时，程序会自动按所求的位移系数与内力系数放大地震作用及风荷载下的位移和墙柱弯矩、剪力。选择修正总刚时，有限元计算已考虑重力二阶效应，同时输出地震作用及风荷载重力二阶效应的刚度修正系数，不再按所求的位移系数和内力系数放大。

总信息中"考虑重力二阶效应"程序进行稳定性验算，高层结构必须满足稳定性验算的要求，否则需修改结构方案。

计算结果输出所有地震方向的重力二阶效应和稳定性验算，当选择放大系数法考虑重力二阶效应时，风荷载方向出现在地震作用方向时才考虑风的重力二阶效应，当选择修正总刚法考虑二阶效应时无此要求。

程序按《高层建筑混凝土结构技术规程》5.4.1条规定验算在水平力作用下，高层建筑结构满足下列规定时，可不考虑重力二阶效应的不利影响。

剪力墙结构、框架-剪力墙结构、筒体结构：

$$EJ_d \geq 2.7H^2 \sum_{n=1}^{n} G_i \qquad (1)$$

框架结构：

$$D_i \geq 20 \sum_{j=i}^{n} G_j / h_i \quad (i=1,2,\ldots n) \qquad (2)$$

式中　　EJ_d——结构一个主轴方向的弹性等效侧向刚度，可按倒三角形分布荷载作用下结构顶点位移相等的原则，将结构的侧向刚度折算为竖向悬臂受弯构件的等效侧向刚度；

H——房屋高度；

G_i、G_j——分别为第 i、j 楼层重力荷载设计值；

h_i——第 i 楼层层高；

D_i——第 i 楼层的弹性等效侧向刚度，可取该层剪力与层间位移的比值；

n ——结构计算总层数。

程序按《高层建筑混凝土结构技术规程》5.4.4 规定验算高层建筑结构的稳定性，高层建筑结构的稳定性应符合下列规定：

（1）剪力墙结构、框架-剪力墙结构、筒体结构应符合下式要求：

$$EJ_u^d \geq 1.4H^2 \sum_{i=1}^{n} G_i \quad (3)$$

（2）框架结构应符合下式要求：

$$D_i \geq 10 \sum_{j=i}^{n} G_j / h_i \quad (i=1, 2, \ldots n) \quad (4)$$

显示格式如下：

续例题一：

```
0.00 度方向……………………………………………
底层号  塔号  刚重比  结构侧向刚度   1.4×H×H×∑Gᵢ   位移系数  内力系数   1.4×H×H×∑Gᵢ   稳定性
 2      1    9.2    2129991424    625102315      1.00      1.00      324127126    满足
```

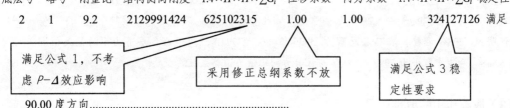

满足公式 1，不考虑 $P-\Delta$ 效应影响

采用修正总纲系数不放

满足公式 3 稳定性要求

```
90.00 度方向……………………………………………
底层号  塔号  刚重比  结构侧向刚度   1.4×H×H×∑Gᵢ   位移系数  内力系数   1.4×H×H×∑Gᵢ   稳定性
 2      1    14.6   3390795520    625102315      1.00      1.00      324127126    满足
```

地震和风考虑重力二阶效应的刚度修正系数

层号	塔号	地震 X 向系数	地震 Y 向系数	风 X 向系数	风 Y 向系数
1	1	0.00	0.00	0.00	0.00
2	1	0.13	0.13	0.13	0.13
3	1	0.09	0.09	0.09	0.09
4	1	0.07	0.07	0.07	0.07
5	1	0.06	0.06	0.06	0.06
6	1	0.05	0.05	0.05	0.05
7	1	0.04	0.04	0.04	0.04
8	1	0.04	0.04	0.04	0.04
9	1	0.03	0.03	0.03	0.03
10	1	0.03	0.03	0.03	0.03
11	1	0.03	0.03	0.03	0.03
12	1	0.02	0.02	0.02	0.02
13	1	0.02	0.02	0.02	0.02
14	1	0.02	0.02	0.02	0.02

2）框架地震剪力调整

当地震信息中框架剪力调整段数>0时，输出每个地震作用方向框架地震剪力调整信息，当所求调整系数>1.0时，程序自动放大柱和相邻梁截面的弯矩、剪力。对板墙柱结构、钢和钢混凝土混合结构调整系数求法不同。

显示格式如下：

续例题一：

框架地震剪力调整
0.00 度地震方向..

层号	塔号	总剪力(kN)	柱剪力(kN)	0.20V_0（0.15V_0）(kN)	1.5 最大柱剪力（kN）	调整系数
2	1	3995.33	326.23	799.07(599.30)	852.18	2.00
3	1	3072.32	346.36	799.07(599.30)	852.18	2.00
4	1	2902.20	400.70	799.07(599.30)	852.18	1.99
5	1	2705.54	445.40	799.07(599.30)	852.18	1.79
6	1	2505.14	494.12	799.07(599.30)	852.18	1.62
7	1	2314.17	455.48	799.07(599.30)	852.18	1.75
8	1	2139.10	487.03	799.07(599.30)	852.18	1.64
9	1	1971.20	490.82	799.07(599.30)	852.18	1.63
10	1	1790.43	490.98	799.07(599.30)	852.18	1.63
11	1	1558.15	487.62	799.07(599.30)	852.18	1.64
12	1	1226.55	461.68	799.07(599.30)	852.18	1.73
13	1	756.74	568.12	799.07(599.30)	852.18	1.41

说明：0.20V_0 调整，取二层总剪力 3995.33×0.2=799.07；按框架各层剪力中的最大值 568.12×1.5=852.18。两者中取小为 799.07，该值与柱剪力的比值为调整系数。

3）地震作用的剪重比

地震作用的剪重比是指结构任一楼层的水平地震剪力与该层及其上各层总重力荷载代表值的比值，一般是指底层水平剪力与结构总重力荷载代表值之比。

剪重比反映了结构的刚柔度，应在合理的范围内保证结构整体刚度适中。剪重比太小，说明结构整体刚度偏柔，水平荷载作用下结构的水平位移或层间位移过大；剪重比太大，说明结构整体刚度偏刚，会引起很大的地震内力，不经济。层剪重比不满足时增大地震力调整系数使结构承担足够的地震作用。

程序输出所有地震作用方向的层剪重比。

续例题一：

0.00 度地震方向..
基本周期= 0.896032 s

层号	塔号	薄弱层放大后楼层剪力(kN)	重力(kN)	剪重比(%)	最小要求(%)	调整系数
2	1	3995.33	108924.52	3.67	1.84	1.00
3	1	3072.32	99542.45	3.09	1.60	1.00
4	1	2902.20	90528.49	3.21	1.60	1.00
5	1	2705.54	81512.40	3.32	1.60	1.00

6	1	2505.14	72496.24	3.46	1.60	1.00
7	1	2314.17	63479.80	3.65	1.60	1.00
8	1	2139.10	54611.85	3.92	1.60	1.00
9	1	1971.20	45743.64	4.31	1.60	1.00
10	1	1790.43	36875.48	4.86	1.60	1.00
11	1	1558.15	28007.33	5.56	1.60	1.00
12	1	1226.55	19139.43	6.41	1.60	1.00
13	1	756.74	10257.02	7.38	1.60	1.00
14	1	135.28	848.18	15.95	1.60	1.00

《建筑抗震设计规范》5.2.5 要求，水平地震作用计算时，结构各楼层对应于地震作用标准值的剪力应符合下式要求：

$$V_{EKi} > \lambda \sum_{j=i}^{n} G_j \tag{5}$$

式中 V_{EKi}——第 i 层对应于水平地震作用标准值的剪力；

λ——水平地震剪力系数，不应小于表 4-2 规定的值；对于竖向不规则结构的薄弱层，尚应乘以 1.15 的增大系数；

G_j——第 j 层的重力荷载代表值；

N——结构计算总层数。

楼层最小地震剪力系数值　　　　　　表 4-2

类别	6度	7度	8度	9度
扭转效应明显或基本周期小于3.5s的结构	0.008	0.016（0.024）	0.032（0.048）	0.064
基本周期小于5.0s的结构	0.006	0.012（0.018）	0.024（0.032）	0.040

注：1. 基本周期介于 3.5s 和 5.0s 之间的结构，应允许线性插入取值；

2. 7、8 度时括号内数值分别用于设计基本地震加速度为 0.15g 和 0.30g 的地区。

程序按照《建筑抗震设计规范》5.2.5 要求，根据第 i 层墙柱（恒载轴力+活载折减系数 × 活载轴力）计算第 i 层的重力荷载代表值，适用于多塔和错层结构，当本层某地震方向不满足规范最小要求，程序自动增大本层此地震方向的单工况墙柱、梁、板内力。地震方向的基本周期为折减后周期。

4) 倾覆力矩

倾覆力矩的大小等于产生倾覆作用的荷载乘荷载作用点到倾覆点间的距离，倾覆力矩用于结构或构件稳定性计算。

程序输出所有地震作用与风荷载方向的结构总倾覆力矩。

总倾覆力矩 = 柱倾覆力矩 + 一般墙倾覆力矩 + 短墙倾覆力矩。

程序按《高层建筑混凝土结构技术规程》12.1.7 规定验算高宽比大于 4 的高层建筑，基础底面不宜出现零应力区；高宽比不大于 4 的高层建筑，基础底面与地基之间零应力区面积不应超过基础底面面积的 15%。计算时，质量偏心较大的裙楼与主楼可分开考虑。

续例题一:

倾覆力矩

单位为 kN·m

以下地震总倾覆力矩由给定水平力作用下的墙柱剪力求得,只用于比较墙柱倾覆力矩

0.00 度地震方向..

层号	塔号	总倾覆力矩	柱倾覆力矩	比例(%)	一般墙倾覆力矩	比例(%)	短墙倾覆力矩	比例(%)
1	1	103507.71	19492.24	18.8	83846.09	81.0	169.38	0.2
2	1	90509.56	18517.20	20.5	71822.98	79.4	169.38	0.2
3	1	76126.39	17342.76	22.8	58637.75	77.0	145.88	0.2
4	1	65987.73	16199.76	24.5	49666.82	75.3	121.15	0.2
5	1	56410.48	14877.46	26.4	41434.11	73.5	98.90	0.2
6	1	47482.21	13407.65	28.2	33995.73	71.6	78.83	0.2
7	1	39215.26	11777.06	30.0	27377.02	69.8	61.18	0.2
8	1	31578.49	10273.98	32.5	21259.03	67.3	45.48	0.1
9	1	24519.48	8666.80	35.3	15820.71	64.5	31.97	0.1
10	1	18014.51	7047.10	39.1	10946.91	60.8	20.50	0.1
11	1	12106.10	5426.86	44.8	6668.05	55.1	11.19	0.1
12	1	6964.22	3817.71	54.8	3142.18	45.1	4.33	0.1
13	1	2916.61	2294.16	78.7	622.22	21.3	0.22	0.0
14	1	419.37	419.37	100.0	0.00	0.0	0.00	0.0

0.00 度风方向..

层号	塔号	总倾覆力矩	柱倾覆力矩	比例(%)	一般墙倾覆力矩	比例(%)	短墙倾覆力矩	比例(%)
1	1	20407.67	3950.11	19.4	16429.35	80.5	28.21	0.1
2	1	17858.96	3762.57	21.1	14068.18	78.8	28.21	0.2
3	1	15394.57	3568.58	23.2	11801.27	76.7	24.72	0.2
4	1	13247.54	3334.71	25.2	9892.63	74.7	20.20	0.2
5	1	11219.60	3064.42	27.3	8138.97	72.5	16.21	0.1
6	1	9316.96	2764.36	29.7	6539.97	70.2	12.62	0.1
7	1	7554.96	2433.19	32.2	5112.27	67.7	9.50	0.1
8	1	5948.71	2130.33	35.8	3811.60	64.1	6.79	0.1
9	1	4508.15	1809.16	40.1	2694.45	59.8	4.55	0.1
10	1	3245.49	1488.99	45.9	1753.72	54.0	2.78	0.1
11	1	2171.67	1171.97	54.0	998.20	46.0	1.50	0.1
12	1	1297.30	859.15	66.2	437.43	33.7	0.72	0.1
13	1	632.99	562.82	88.9	69.78	11.0	0.39	0.1
14	1	189.67	189.67	100.0	0.00	0.0	0.00	0.0

结构整体倾覆(高层建筑混凝土结构技术规程 12.1.7)

0.00 度地震方向..........................

总倾覆力矩	抗倾覆力矩	零应力区比例(%)
90669.39	3193753.75	0.0

> 高宽比不大于 4 的高层建筑,基础底面零应力区<15%

……

0.00 度风方向………………

总倾覆力矩	抗倾覆力矩	零应力区比例(%)
20407.67	3193753.75	0.0

……

5) 罕遇地震作用下薄弱层验算

薄弱层是指该楼层的层间受剪承载力小于相邻上一楼层的 80%,薄弱层是从结构强度的角度来判断,不同于软弱层。

软弱层是指该楼层的侧向刚度小于相邻上一层的 70%,或小于其上相邻三个楼层侧向刚度的 80%;除顶层外,局部收进的水平向尺寸大于相邻下一层的 25%;软弱层是从结构刚度的角度来判断,程序以侧向刚度比控制。

当框架结构层屈服系数<0.5 时为薄弱层,要考虑《建筑抗震设计规范》中 5.5.5 条塑性层间位移角的限值。

《建筑抗震设计规范》5.5.5 规定,结构薄弱层(部位)弹塑性层间位移应符合下式要求:

$$\Delta u_\mathrm{p} \leqslant [\theta_\mathrm{p}]h \tag{6}$$

式中 $[\theta_\mathrm{p}]$——弹塑性层间位移角限值,可按表 4-3 采用;对钢筋混凝土框架结构,当轴压比小于 0.40 时,可提高 10%;当柱子全高的箍筋构造比本规范表 6.3.9 条规定的体积配箍率大 30%时,可提高 20%,但累计不超过 25%。

h——薄弱层楼层高度或单层厂房上柱高度。

弹塑性层间位移角限值　　　　表 4-3

结 构 类 型	$[\theta_\mathrm{p}]$
单层钢筋混凝土柱排架	1/30
钢筋混凝土框架	1/50
底部框架砖房中的框架-抗震墙	1/100
钢筋混凝土框架-抗震墙、板柱-抗震墙、框架-核心筒	1/100
钢筋混凝土抗震墙、筒中筒	1/120
多、高层钢结构	1/50

续例题一:

罕遇地震作用下薄弱层验算
适用 12 层且侧向刚度无突变的框架结构

> 均大于0.5,没有薄弱层

层号	塔号	设计剪力(kN)	承载力剪力(kN)	屈服系数	层高(mm)
2	1	26641.04	28639.11	1.07	3600
3	1	21078.10	25722.38	1.22	3300

4	1	20367.32	25179.62	1.24	3300
5	1	18909.08	24542.67	1.30	3300
6	1	17493.04	23800.93	1.36	3300
7	1	16384.62	20243.82	1.24	3300
8	1	15128.97	19503.01	1.29	3300
9	1	14142.82	18666.54	1.32	3300
10	1	13203.09	17728.98	1.34	3300
11	1	11399.95	16687.30	1.46	3300
12	1	10672.82	15536.94	1.46	3300
13	1	9785.33	12187.21	1.25	3300
14	1	869.56	1313.80	1.51	3100

没有承载力剪力小于上层80%的层，没有薄弱层

层号	塔号	弹性层间位移(mm)	弹性层间位移角	放大系数	塑性层间位移(mm)	塑性层间位移角
2	1	4.60	1/782	1.30	5.98	1/601
3	1	5.83	1/566	1.30	7.58	1/435
4	1	6.97	1/473	1.30	9.07	1/364
5	1	7.82	1/421	1.30	10.17	1/324
6	1	8.43	1/391	1.50	12.64	1/261
7	1	8.87	1/371	1.50	13.31	1/247
8	1	9.11	1/362	1.50	13.67	1/241
9	1	9.21	1/358	1.80	16.58	1/198
10	1	9.18	1/359	1.80	16.53	1/199
11	1	9.05	1/364	1.80	16.28	1/202
12	1	8.84	1/373	1.80	15.90	1/207
13	1	8.61	1/383	1.80	15.50	1/212
14	1	9.61	1/322	1.80	17.30	1/179

说明：任意地取第五层验算塑性层间位移 $\Delta u_p = 10.17 \leq [\theta_p]h = \frac{1}{100} \times 3300 = 33$ 满足要求。

对框剪、纯剪力墙薄弱层验算需用弹塑性 GSNAP 计算。

6）楼层层间抗侧力结构的承载力比值

输出所有地震作用方向的楼层层间抗侧力结构的承载力比值，当不满足层最小比值时，程序未自动放大对应层的墙柱剪力。若在"结构信息"中刚度比不满足要求已放大对应层墙柱剪力，可不理会这里的提示，否则可在录入系统生成 GSSAP 计算数据后生成的"工程名.GSP"中给定对应层对应地震作用方向的"层地震剪力增大系数"为 1.15。GSSAP 计算中只有此调整系数没有自动处理。

程序按照《高层建筑混凝土结构技术规程》JGJ 3—2010 中 3.5.3 规定，验算层间抗侧力结构的承载力比值，A 级高度高层建筑的楼层抗侧力结构的层间受剪承载力（指在所考虑的水平地震作用力上，该层全部柱、剪力墙、斜撑的受剪承载力之和）不宜小于其上一层受剪承载力的 80%，不应小于其上一层受剪承载力的 65%；B 级高度高层建筑的楼层抗侧力结构的层间受剪承载力不应小于其上一层受剪承载力的 75%。

续例题一：

楼层层间抗侧力结构的承载力比值

0（度）方向..

层号	塔号	楼层承载力(kN)	本层/上层	最小比值
2	1	28639	1.11	0.65
3	1	25722	1.02	0.65
4	1	25180	1.03	0.65
5	1	24543	1.03	0.65
6	1	23801	1.18	0.65
7	1	20244	1.04	0.65
8	1	19503	1.04	0.65
9	1	18667	1.05	0.65
10	1	17729	1.06	0.65
11	1	16687	1.07	0.65
12	1	15537	1.27	0.65
13	1	12187		
14	1	1314		

（A级高度均大于0.8）

7）风振舒适度计算

在风计算信息中输入10年期基本风压，高层结构在"水平力效应验算"文本文件中输出风振舒适度计算结果：

续例题一：

风振舒适度计算

0.00 度方向..

顶层号 13（塔 1）顺风和横风向最大加速度

顺风向		横风向	
风荷载体型系数：	1.30	地面粗糙度：	2
重现期调整系数：	1.00	风压高度变化系数：	1.56
基本风压(10年)：	0.50	结构顶点平均风速(m/s)：	40.24
建筑物总迎风面积(m^2)：	595.47	横风向第一周期(s)：	0.8400
建筑物总质量(t)：	11021.98	建筑物平面宽度(m)：	14.93
顺风向第一周期(s)：	0.8400	建筑物平面长度(m)：	49.08
脉动增大系数：	1.71	建筑物平均重度(kN/m^3)：	3.65
脉动影响系数：	0.503	横风向临界阻尼比(kN/m^3)：	0.020
顺风向最大加速度(m/s^2)：	0.030	横风向最大加速度(m/s^2)：	0.032

....

5. 内外力平衡验算

1）重力恒载和重力活载轴力平衡验算

统计每层墙柱、梁、板上的恒载和活载，计算在恒载和活载作用下墙柱轴力，进行如下平衡验算。

平衡条件:
（1）合计恒载等于1层恒载下轴力；
（2）合计活载等于1层活载下轴力；
（3）每层的恒载下轴力等于本层和其上层恒载的总和；
（4）每层的活载下轴力等于本层和其上层活载的总和。
显示格式如下：

续例题一:

1. 重力恒载和重力活载轴力平衡验算

层号	塔号	恒载(kN)	恒载下轴力(kN)	活载(kN)	活载下轴力(kN)
1	1	9643.01	109349.45	1539.09	19920.13
2	1	8634.07	99726.73	1528.72	18395.56
3	1	8255.76	91107.42	1527.69	16870.06
4	1	8255.76	82856.79	1527.69	15343.40
5	1	8255.76	74604.29	1527.69	13816.22
6	1	8255.76	66351.72	1527.69	12289.04
7	1	8107.37	58098.87	1528.11	10761.87
8	1	8107.37	49994.68	1528.11	9234.35
9	1	8107.37	41890.25	1528.11	7706.77
10	1	8107.37	33785.88	1528.11	6179.20
11	1	8107.37	25681.53	1528.11	4651.61
12	1	8107.37	17577.36	1528.11	3124.14
13	1	8661.75	9461.58	1516.93	1590.87
14	1	810.18	810.18	76.01	76.01

合计:		109416.24		19940.14	
1层轴力		109349.45		19920.13	

2）风荷载作用下剪力平衡验算

统计每个风作用方向每层墙柱梁板上的风荷载，计算在每个风作用方向的风荷载作用下每层墙柱剪力，进行平衡验算。

每个风方向平衡条件:
（1）约束层以上合计楼层风荷载等于约束层以上总剪力；
（2）每层的楼层剪力等于本层及其上层风荷载的总和。
显示格式如下：

续例题一:

风荷载作用下剪力平衡验算
刚度修正法考虑重力二阶效应会增加风作用下剪力

0.00 度风荷载方向..

层号	塔号	楼层风荷载(kN)	楼层剪力(kN)
1	1	0.00	659.43
2	1	37.81	707.16
3	1	37.57	667.95
4	1	39.35	629.60
5	1	43.92	589.45
6	1	47.97	544.66
7	1	51.33	495.89
8	1	54.76	443.62
9	1	58.02	387.93
10	1	61.17	328.96
11	1	64.23	266.81
12	1	67.92	201.61
13	1	70.95	132.64
14	1	61.12	61.18

(659.43 → 约束层；707.16 → 约束层以上总剪力)

约束层以上：
合计：   696.12
总剪力=   707.16

3) 地震作用下剪力平衡验算

统计每个地震作用方向每层的累计地震力，动力分析 CQC 组合后计算每个地震作用方向每层墙柱剪力，CQC 内力组合后不能保证剪力和地震力绝对平衡，只能大致平衡，进行平衡验算。

每个地震作用方向平衡条件：
(1) 约束层以上总地震力大致等于约束层以上总剪力；
(2) 约束层以上每层的累计地震力大致等于楼层剪力。

该平衡验算中会有误差，引起误差的原因：
(1) 统计剪力墙剪力时取直墙段，剪力墙内点和剪力墙端点不重合时剪力投影会有误差；
(2) 剪力墙采用的计算单元的精度会引起误差；
(3) 当有约束地下室时，程序自动按总体信息的基床系数布置水平弹簧，水平弹簧承受了部分水平力；
(4) 刚度修正法考虑重力二阶效应会增加地震作用下剪力。

显示格式如下：

续例题一：

地震作用下剪力平衡验算
CQC 内力组合后不能保证剪力和地震力绝对平衡,只能大致平衡
刚度修正法考虑重力二阶效应会增加地震作用下剪力

0.00度地震方向..

层号	塔号	楼层以上累计地震力(kN)	楼层剪力(kN)
2	1	3196.26	3168.76
3	1	3072.32	3055.76
4	1	2902.20	2894.97
5	1	2705.54	2702.34
6	1	2505.14	2513.52
7	1	2314.17	2307.81
8	1	2139.10	2136.19
9	1	1971.20	1982.63
10	1	1790.43	1833.63
11	1	1558.15	1543.39
12	1	1226.55	1403.14
13	1	756.74	1356.94
14	1	135.28	139.13

约束层以上：
  总地震力＝   3196.26
  总剪力＝   3168.76

4.1.2 超筋超限警告

在"主控菜单"点按"文本方式"弹出菜单，选择"超筋超限警告"，在写字板中自动打开文本文件"工程名—超筋超限警告.txt"，显示整个结构计算后的超筋超限警告。

生成施工图前必须先查看超筋超限警告，不满足规范的强制性条文时应先检查计算模型有无错误，再修改截面、材料或结构方案。

超筋超限显示的内容如下：

1. 混凝土梁警告

1）极限(经济)承载弯矩

$$M>M_u=0.5f_cbh_0^2+f_chf'(bf'-b)(h_0-0.5hf')$$

式中　M——梁弯矩；

　　　M_u——梁极限弯矩；

　　　F_c——混凝土抗压承载力设计值。

梁正截面受弯承载力计算应满足极限(经济)承载弯矩 $M\leqslant M_u$ 要求，否则应加大截面尺寸或提高混凝土强度等级。

2）混凝土受压区高度

$x>\xi_bh_0$(混[①]6.2.10-3)　　　无地震

$x>0.25h_0$(混11.3.1)　　　一级抗震

$x>0.35h_0$(混11.3.1)　　　二、三级抗震

[①] "混"表示《混凝土结构设计规范》GB 50010—2010，全书同。

式中　　x——受压区高度(m)；
　　　　ξ_b——无地震相对界限受压区高度；
　　　　h_0——梁有效高度（m）。

当 x 超出限值时，程序改按双筋截面进行承载力计算，按双筋计算仍然超筋，说明截面尺寸过小，应做调整。

3）抗震设计梁端纵向受拉钢筋的最大配筋率

抗震设计梁端纵向受拉钢筋的配筋率>2.5%（混 11.3.7）

抗震要求的框架梁端纵向受拉钢筋的配筋率不宜大于 2.5%，配筋率大于 2.5%时给出超筋信息，应加大截面或提高材料强度。

4）斜截面抗剪

公式	适用条件
$V>0.25\beta_c f_c bh_0$ (混 6.3.1-1)	$h_w/b\leq 4$ 无地震作用组合
$V>0.2\beta_c f_c bh_0$ (混 6.3.1-2)	$h_w/b\geq 6$ 无地震作用组合
$V>\alpha\beta_c f_c bh_0$ (混 6.3.1)	$4<h_w/b<6$ 无地震作用组合
$V>(0.2\beta_c f_c bh_0)/\gamma_{RE}$ (混 11.3.3-1)	跨高比>2.5 框架梁
$V>(0.15\beta_c f_c bh_0)/\gamma_{RE}$ (混 11.3.3-2)	跨高比≤2.5 框架梁
$V>0.2\beta_c f_c bh_0$ (高[①]10.2.8-1)	转换梁无地震作用组合
$V>(0.15\beta_c f_c bh_0)/\gamma_{RE}$ (高 10.2.8-2)	转换梁有地震作用组合
$V>0.25\beta_c f_c bh_0$ (高 7.2.22-1)	连梁无地震作用组合
$V>(0.2\beta_c f_c bh_0)/\gamma_{RE}$ (高 7.2.22-2)	跨高比>2.5 连梁有地震作用组合
$V>(0.15\beta_c f_c bh_0)/\gamma_{RE}$ (高 7.2.22-3)	跨高比≤2.5 连梁有地震作用组合
$V>(0.2\beta_c f_c bh_0)/\gamma_{RE}$ (混 11.7.10-5)	对角斜筋或分段封闭箍筋配筋方式跨高比≤2.5 连梁有地震作用组合
$V>(0.25\beta_c f_c bh_0)/\gamma_{RE}$ (混 11.7.10-1)	对交叉斜筋配筋方式，跨高比≤2.5 连梁有地震作用组合
$V>(10+l_0/h)\beta_c f_c bh_0/60$ (混附录 G.0.3-1)	$h_w/b\leq 4$ 深受弯构件
$V>(7+l_0/h)\beta_c f_c bh_0/60$ (混 10.7.4-2)	$h_w/b\geq 6$ 深受弯构件
$V>\alpha\beta_c f_c bh_0/60$ (混附录 G.0.3)	$4<h_w/b<6$ 深受弯构件

斜截面抗剪不满足要求时，应加大截面尺寸或提高混凝土强度等级。

5）扭曲截面承载力计算

公式	适用条件
$(V/bh_0+T/0.8W_t)>0.25\beta_c f_c$ (混 6.4.1-1)	h_w/b(或 h_w/t_w)≤4
$(V/bh_0+T/0.8W_t)>0.2\beta_c f_c$ (混 6.4.1-2)	h_w/b(或 h_w/t_w)=6
$(V/bh_0+T/0.8W_t)>\alpha\beta_c f_c$ (混 6.4.1)	$4<h_w/b$(或 h_w/t_w)<6

扭曲截面承载力计算不满足要求时，先检查结构模型产生的扭矩合不合理，若合理应加大截面尺寸或提高混凝土强度等级。

　　　　箱形截面壁厚<箱形截面宽除以 7(混 6.4.1)
　　　　h_w/b(或 h_w/t_w)>6(混 6.4.1)

以上两条只是提示截面尺寸超出规范扭曲截面承载力计算公式的要求，非规范强制性要求。

[①] "高"表示《高层建筑混凝土结构技术规程》JGJ 3—2010，全书同。

6）深受弯构件抗弯计算
$$M>f_yA_{sz} (混附录 G.0.2-1)$$
深受弯构件抗弯计算不满足要求时，应加大截面尺寸或提高混凝土强度等级。

2. 混凝土墙柱警告

1）最大配筋率
$$抗震设计纵向受力钢筋配筋率 > 5\% (混 11.4.13)$$
$$异形柱单侧配筋率 > 最大配筋率$$
配筋率超过要求时，应加大截面尺寸或提高混凝土强度等级。

2）斜截面抗剪

$V>(0.25\beta_cf_cbh_0)$ (混 6.3.20)　　　　　剪力墙无地震作用组合
$V>(0.2\beta_cf_cbh_0)/\gamma_{RE}$ (混 11.7.3-1)　　剪力墙剪跨比 $\lambda>2.5$
$V>(0.15\beta_cf_cbh_0)/\gamma_{RE}$ (混 11.7.3-2)　剪力墙剪跨比 $\lambda\leq2.5$
$V>0.25\beta_cf_cbh_0$ (混 6.3.1-1)　　　　　$h_w/b\leq4$ 偏心受拉压(柱)
$V>0.2\beta_cf_cbh_0$ (混 6.3.1-2)　　　　　$h_w/b\geq6$ 偏心受拉压(柱)
$V>\alpha\beta_cf_cbh_0$ (混 6.3.1)　　　　　　$4<h_w/b<6$ 偏心受拉压(柱)
$V>0.2\beta_cf_cbh_0/\gamma_{RE}$ (混 11.4.6-1)　剪跨比 $\lambda>2$ 的框架柱
$V>(0.15\beta_cf_cbh_0)/\gamma_{RE}$ (混 11.4.6-2)　转换柱和剪跨比 $\lambda\leq2$ 的框架柱
$V_x>0.25\beta_cf_cbh_0\cos\theta$ (混 6.3.16-1)　矩形柱双向受剪
$V_y>0.25\beta_cf_cbh_0\sin\theta$ (混 6.3.16-2)　矩形柱双向受剪

斜截面抗剪不满足要求时，应加大截面尺寸或提高混凝土强度等级。

3）轴压比超限

轴压比 $Apr>MaxApr$

轴压比超限时，应加大截面尺寸或提高混凝土强度等级。

4）剪力墙稳定超限计算

$q>E_c\cdot t\cdot t\cdot t/(10.0\cdot L_0\cdot L_0)$　（高规 7.2.1 附录 D）

高层结构墙体稳定超限时，应加大截面厚度。

5）剪力墙水平施工缝超限验算

$V>(0.6f_y\cdot A_s+0.8N)/\gamma_{RE}$　（高规 7.2.12）

一级抗震等级时高层结构剪力墙水平施工缝超限验算超限时，在施工图中应加大竖向分布钢筋。

3. 圆钢管混凝土柱警告

$N>N_u$（CECS 28:90 标准式 4.1.6）

不满足要求时，应加大截面尺寸或提高材料强度。

4. 方钢管混凝土柱警告

$N/N_{un}+(1.0-\alpha_c)\cdot M_x/M_{unx}+(1.0-\alpha_c)\cdot M_y/M_{uny}>1$（CECS 159:2004　6.2.5-1）
$M_x/M_{unx}+M_y/M_{uny}>1$（CECS 159:2004　6.2.5-2）
$N/(f\cdot A_{sn})+M_x/M_{unx}+M_y/M_{uny}>1$（CECS 159:2004　6.2.7）
$N/(\phi_x\cdot N_u)+(1.0-\alpha_c)\cdot\beta_x\cdot M_x/[(1.0-0.8\cdot N/N'_{ex})\cdot M_{ux}]+\beta_y\cdot M_y/(1.4\cdot M_{uy})>1$（CECS 159:2004　6.2.6-1）
$\beta_x\cdot M_x/[(1.0-0.8\cdot N/N'_{ex})\cdot M_{ux}]+\beta_y\cdot M_y/(1.4\cdot M_{uy})>1$（CECS 159:2004　6.2.6-2）

$N/(\phi_y \cdot N_u) + \beta_x \cdot M_x/(1.4 \cdot M_{ux}) + (1.0-\alpha_c) \cdot \beta_y \cdot M_y/[(1.0-0.8 \cdot N/N'_{ey}) \cdot M_{uy}] > 1$（CECS 159:2004 6.2.6-3）

$\beta_x \cdot M_x/(1.4 \cdot M_{ux}) + \beta_y \cdot f_{My}/[(1.0-0.8 \cdot N/N'ey) \cdot M_{uy}] > 1$（CECS 159:2004 6.2.6-4）

$\alpha_c > [\alpha_c]$（CECS 159:2004 6.3.2）

不满足要求时，应加大截面尺寸或提高材料强度。

5. 钢柱警告

$N/A + M_x/\gamma_x/W_{nx} + M_y/\gamma_y/W_{ny} > f$ =柱构件强度计算最大应力(钢规 5.2.1)

$N/A/\delta_x + \beta_{mx} \cdot M_x/[\gamma_x \cdot W_x(1-0.8N/N'_{ex})] + \eta \cdot \beta_{ty} \cdot M_y/\delta_{by}/W_y > f$ (钢规 5.2.5-1)

$N/A/\delta_y + \eta \cdot \beta_{tx} \cdot M_x/\delta b_x/W_x + \beta_{my} \cdot M_y/[\gamma_y \cdot W_y(1-0.8N/N'_{ey})] > f$ (钢规 5.2.5-2)

$H_0/T_w > [H_0/T_w]$ =柱板件容许宽厚比(抗规 8.3.2)

$\lambda_x > [\lambda]$ =柱 x 向长细比(抗规 8.3.1)

$\lambda_y > [\lambda]$ =柱 y 向长细比(抗规 8.3.1)

不满足要求时，应加大截面尺寸或提高材料强度。

6. 钢梁警告

$M_x/\gamma_x/W_{nx} + M_y/\gamma_y/W_{ny} > f$ (钢规 4.1.1)

$VS/I/T_w > f_v$ (钢规 4.1.2)

$(\sigma \cdot 2 + 3 \cdot \tau \cdot 2) \cdot 1/2 > 1.1f$ (钢规 4.1.4)

$B/T > [B/T_f$ =梁板件容许宽厚比(抗规 8.3.2)

不满足要求时，应加大截面尺寸或提高材料强度。

7. 支撑警告

$N/A_n > f$ =钢支承抗拉、抗压强度设计值(钢规 5.1.1 条)

$N/(A \cdot \delta_x) > f$ =实腹式轴心受压构件的稳定性 (钢规 5.1.2 条)

$N/(A \cdot \delta_y) > f$ =实腹式轴心受压构件的稳定性 (钢规 5.1.2 条)

$\lambda > [\lambda]$ =钢结构中心支撑杆件长细比限值(抗规 8.4.1 条)

$B/T > [B/T]$ =钢结构中心支撑板件宽厚比限值(抗规 8.4.1 条)

不满足要求时，应加大截面尺寸或提高材料强度。

8. 型钢混凝土梁柱警告

$M > f_c b_x (h_0-x/2) + f_y' A_s'(h_0-a_s') + f_a' A_a f'(h_0-a_a') + M_{aw}$(型钢 5.1.2)

$M > 1/VRE[f_c b_x(h_0-x/2) + f_y' A_s'(h_0-a_s') + f_a' A_a f'(h_0-a_a')+M_{aw}]$(型钢 5.1.2)

受压区高度 $X > \xi_b/H_0$ (型钢 5.1.2-8)

受压区高度 $X < a_a' + t_f$ (型钢 5.1.2-9)

$V > 0.45 f_c b h_0$ (型钢 5.1.4-1)

$f_a t_w h_w / f_c b h_o < 0.1$(型钢 5.1.4-2)

$V > 0.36 f_c b h_0 / VRE$ (型钢 5.1.4-3)

$f_a t_w h_w / f_c b h_o < 0.1$(型钢 5.1.4-4)

$N_e > f_c b_x(h_0-x/2) + f_y' A_s'(h_0-a_s') + f_a' A_a f'(h_0-a_a') + M_{aw}$(型钢 6.1.2-2)

$N_e > 1/VRE(f_c b_x(h_0-x/2) + f_y' A_s'(h_0-a_s') + f_a' A_a f'(h_0-a_a') + M_{aw}$(型钢 6.1.2-4)

$V > 0.45 f_c b h_0$ (型钢 6.1.9-1)

$f_a t_w h_w / f_c b h_o < 0.1$(型钢 6.1.9-2)

$V > 0.36 f_c b h_0 / VRE$ (型钢 6.1.9-3)

$f_a t_w h_w / f_c b h_o < 0.1$(型钢 6.1.9-4)
不满足要求时，应加大截面尺寸或提高材料强度。

9. 混凝土实心板警告

当楼板的计算单元选择板单元和壳单元时

配筋率>2.0%

板冲切验算：$F_l > 0.7 \beta_h f_t u_m h_0$ (基 8.4.5-1)

板剪切验算：$V_s > 0.7 \beta_h s f_t (l n_2 - 2 h_0) h_0 =$ (基 8.4.5-3)

不满足要求时，应加大截面尺寸或提高材料强度。

10. 混凝土空心板警告

当楼板的计算单元选择板单元和壳单元时

配筋率>2.0%

筒心内膜空心板：

$V > 0.7 \beta_v f_t b_w h_0$(空心板规程 5.1.5)

箱体内膜空心板：

$V \geqslant 0.25 \beta_c f_c b h_0$ (混 6.3.1-1)	$h_w/b \leqslant 4$ 无地震作用组合
$V \geqslant 0.2 \beta_c f_c b h_0$ (混 6.3.1-2)	$h_w/b \geqslant 6$ 无地震作用组合
$V > \alpha \beta_c f_c b h_0$ (混 6.3.1)	$4 < h_w/b < 6$ 无地震作用组合

不满足要求时，应加大截面尺寸或提高材料强度。

11. 人防设计警告

$x/h_0 >$ 最大 x/h_0 (人防 4.10.3)

受拉筋配筋率>最大配筋率(人防 4.11.8)

不满足要求时，应加大截面尺寸或提高材料强度。

4.2 GSSAP 结果图形显示

可以在"图形方式"模块显示构件的内力、配筋计算结果及位移和振型图形（图 4-2）。

4.2.1 构件配筋

【梁配筋】平面或三维显示梁配筋

混凝土梁配筋格式：

$$\frac{15-6-8+2}{3-6-2/1/0.5}$$

表示：

$$\frac{\text{梁左—跨中—右支座面筋配筋面积+抗扭纵筋面积（cm}^2\text{）}}{\text{左—跨中—右支座底筋配筋面积/0.1m 梁端配箍面积/0.1m 梁跨中配箍面积（cm}^2\text{）}}$$

钢梁验算结果显示格式：

$$0.7/0.8/0.9$$

表示：

翼缘处最大正应力与允许应力比/中和轴处最大剪应力与允许煎应力比/翼缘与腹板交点处主应力与允许应力比（当≤1 满足要求）。

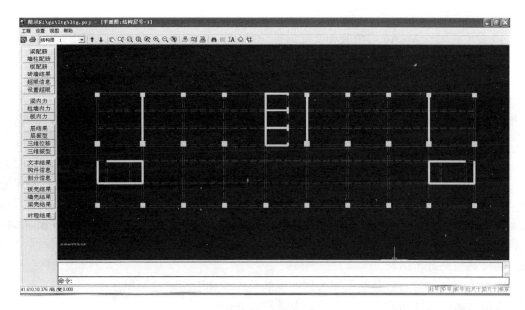

图4-2 图形显示

当光标移动到某条梁上停留时将提示该梁的所属层号、梁号及尺寸,有超限的以红色显示具体超限信息结果;以鼠标左键点选该梁可查看该梁详细的文本计算结果,可用三维图或立面图显示斜梁的文本计算结果。

【墙柱配筋】平面或三维显示墙柱的配筋(图4-3)。

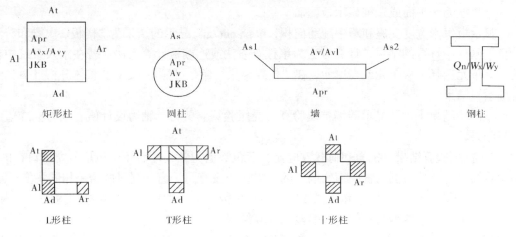

图4-3 墙柱配筋图

这里显示单向计算结果,且没有考虑配筋的构造要求,施工图系统中显示的配筋才是双向验算后的结果,同时也考虑了构造要求。

1)矩形柱时,At、Ad、Al 和 Ar 显示上下左右单边配筋面积(mm^2);Apr 为轴压比,Avx 和 Avy 为沿 B 边和 H 边的配箍面积($mm^2/0.1m$),零为构造配箍(即受剪承载力计算配箍为 0,按最小配箍率配箍);JKB 为柱的最小剪跨比,9999 表示没有计算剪跨比;

2)圆柱时,As 显示总的纵筋面积;Apr 为轴压比,Av 为配箍面积($mm^2/0.1m$),零为构造配箍(即受剪承载力计算配箍为 0,按最小配箍率配箍);JKB 为柱的最小剪跨比,

9999 表示没有计算剪跨比；

3）L 形柱时，Al+Ad 为两肢相交处纵筋总面积，At 和 Ar 为端点的纵筋面积；

4）T 形柱时，At 为两肢相交处纵筋总面积，Al、Ad 和 Ar 为端点的纵筋面积；

5）十形柱时，At、Ad、Al 和 Ar 为端点的纵筋面积；

6）L、T、十形柱配筋单位 mm^2；十形柱交叉部分钢筋按构造取 4D12 或 4D14；异形柱肢较长时，纵筋间距大于 300mm 时，肢中布置钢筋直径为 12 或 14 的构造纵筋，并设拉筋，拉筋间距为箍筋间距的两倍。轴压比、配箍面积和最小剪跨比的显示与矩形柱相同。

剪力墙中 As1 和 As2 为暗柱总配筋面积（mm^2），当两墙肢相交 GSSAP 已考虑公用情况，Av 为 1m 范围内水平分布筋配筋面积（mm^2/m），Apr 为轴压比，为施工方便水平和竖向分布筋一般取相同结果，但水平分布筋配筋面积较大时竖向分布筋可另外构造处理，但直径不宜小于 10。采用 GSSAP 计算时同时输出 Av1，为竖向分布筋配筋面积（mm^2/m），特别是在有人防荷载时，此值不一定为构造结果，设计人员需人工在施工图系统中根据 Av1 修改墙外侧竖向分布钢筋。

剪力墙端柱处的暗柱总钢筋应为柱的纵筋总面积和墙端暗柱面积之和，程序自动制图时没有考虑墙端暗柱筋的面积，需设计人员自行处理。

钢柱验算结果：Q_n 为正应力的强度应力比、W_x 和 W_y 为对应 M_x 和 M_y 的稳定应力比，≤1 满足要求。

光标移动在某柱上停留时将提示该柱的柱号，有超限的柱以红色显示具体超限信息结果；以鼠标左键点选该柱可查看该柱的详细文本计算结果；可用三维图或立面图显示斜梁的文本计算结果。

【板配筋】平面或三维显示板配筋

显示板每米宽度支座和跨中配筋面积，单位 cm^2/m。显示的结果为"楼板、次梁和砖混计算"软件中计算的结果，计算方法为单板查表法或连续板计算方法。若在录入系统中板的计算单元选择了板单元或壳单元，在"板壳结果"命令可显示 GSSAP 整体分析计算的组合前后板结果。

【砖墙结果】平面显示砖墙抗震验算、受压验算、剪力、轴力设计值和轴力标准值的计算结果。

1）抗震验算结果：抗力和荷载效应比，黄色数据为各大片墙体（包括门窗洞口在内）的验算结果，蓝色数据为各门窗间墙段的结果，当没有门、窗、洞时两结果相同；

2）受压验算结果：抗力和荷载效应比，黄色数据为各大片墙体（包括门窗洞口在内）的验算结果，蓝色数据为各门窗间墙段的计算结果；

3）剪力设计值（单位 kN）：黄色数据为各大片墙体（包括门窗洞口在内）剪力设计值，蓝色数据为各门窗间墙段的计算结果；

4）轴力设计值（单位 kN/m）：黄色数据为各大片墙体（包括门窗洞口在内）每延米轴力设计值，蓝色数据为各门窗间墙段的计算结果；

5）轴力标准值（单位 kN/m）：黄色数据为各大片墙体（包括门窗洞口在内）每延米标准设计值，蓝色数据为各门窗间墙段的计算结果。

4.2.2 构件内力

【梁内力】平面或三维显示梁调整前单工况内力和组合后设计内力，点按【梁内力】

弹出如下内力选项（图4-4）：

1）控制配筋的弯矩和剪力值，其显示形式为：

$$-43/12/-41$$
$$16/20/18 \text{ 轴 } 8$$
$$44/-43 \text{ 扭 } 3$$

表示

梁左支座/跨中/右支座负弯矩（单位：kN·m）
梁左支座/跨中/右支座正弯矩（轴：此梁有最大轴力）
梁左支座剪力/右支座的剪力（0为构造，扭：此梁有最大扭矩，单位：kN）

2）竖向恒载作用下的梁端弯矩和剪力值，其显示形式为：

$$-17/12/-15 \text{ 轴 } 5$$
$$23V-22 \text{ 扭 } 2$$

表示：

梁左/中/右支座的弯矩(单位：kN·m，轴：此梁有最大轴力)
梁左V-右支座剪力值(单位：kN，扭：此梁有最大扭矩)

3）显示选项：显示内力数字和彩色表示内力大小。彩色表示：弯矩、剪力、扭矩或轴力大小。

当显示单工况内力时，选择弯矩、剪力、扭矩或轴力，彩色表示此单工况内力中的弯矩、剪力、扭矩和轴力大小。

图4-4 显示梁内力

4）光标停留在某梁上时将提示具体的超限信息。鼠标左键点选可查看详细的文本计算结果，斜梁内力可用三维或立面图显示。

【墙柱内力】以平面或三维图形显示柱墙组合后设计内力包络和调整前单工况下内力。点按【墙柱内力】弹出图4-5，如下内力选项：

1）柱和直墙段内力格式：

$$N234$$
$$Mx8$$
$$My10$$
$$Vx15$$
$$Vy20$$

当N是拉力为负值，为压力是正值。单位：kN；弯矩的单位：kN·m。墙的计算结果为直墙段结果，内力对应的局部坐标为录入系统中各构件的局部坐标。

2）组合后设计内力

对于剪力墙，控制柱B边配筋的内力为计算暗柱纵筋面积的内力，控制柱H边配筋的内力为计算竖向分布筋面积的内力，轴压比对应的内力为重力荷载代表值1.2(恒+0.50活)，活载重力荷载代表值系数由录入系统GSSAP总体信息中设置。

对于钢柱，控制柱B边配筋的内力为计算B边整体稳定的内力，控制柱H边配筋的内力为计算H边整体稳定的内力，轴压比对应的内力为强度验算内力。

3）显示选项：显示内力数字和以彩色表示内力大小：

彩色表示：轴力、X向弯矩、Y向弯矩、X向剪力、Y向剪力、扭矩、$\text{Sqrt}(M_x \times M_x + M_y$

$\times M_y$)、Sqrt（$V_x \times V_x + V_y \times V_y$）。

当显示组合内力时，选择弯矩、剪力、扭矩和轴力彩色表示此组合内力中的弯矩、剪力、扭矩和轴力大小。

当显示单工况内力时，选择弯矩、剪力、扭矩和轴力彩色表示此单工况内力中的弯矩、剪力、扭矩或轴力大小。

4) 光标停留在某墙柱上时将显示柱号或墙号，当该墙柱超限时会自动提示具体的超限信息。以鼠标左键点选该墙柱可查看详细的文本计算结果。斜柱构件可在三维或立面图中查看计算结果。

【板内力】可在平面或三维显示每板板边、板中弯矩，单位：kN·m。显示的结果为"楼板、次梁和砖混计算"中的计算结果。

计算方法为单板查表法或连续板计算方法。若在录入系统中板的计算单元选择了板单元或壳单元，在"板壳结果"命令可显示 GSSAP 整体分析计算的组合前后板的计算结果。

4.2.3 位移及振型

【层结果】图形显示各层在地震和风作用下结构层的变形和内力情况，地震作用下显示内容包括：地震最大位移、地震最大层间位移角、最大地震力、最大地震剪力和最大地震弯矩。

风作用下显示内容包括：风最大位移、风最大层间位移角、风荷载、风剪力和风弯矩。

【层振型】显示所有楼板假定平面无限刚时的各层质心振型图，不管录入系统的总体信息是否选择"所有楼板假定平面无限刚"，显示的振型图均为所有楼板假定平面无限刚时的振型。

【三维位移】弹出图 4-6 静态或动态显示各单工况下整个结构三维位移。

图 4-5 显示墙柱内力

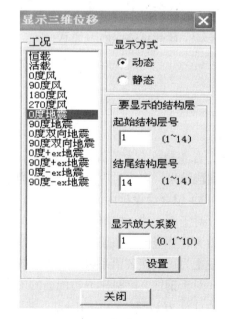

图 4-6 显示三维位移

1) 弹出对话框可以选择静态或动态显示位移；可修改位移的放大比例；在"设置-设置三维视图-XY 向显示范围"设置三维显示范围；按住鼠标左键拖动可旋转显示的三维图形；滚动鼠标中键可放大显示的三维图形；按住鼠标中键拖动可平移显示的三维图形。

2) 光标停止移动时将提示所在点位移值。鼠标右键点选可查看此点文本位移值（图 4-6）。

【三维振型】静态或动态显示各振型下整个结构三维振型变形。

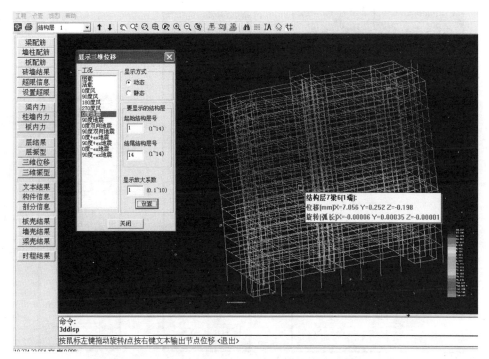

图4-7 显示位移值

1) 弹出对话框可以选择静态或动态显示振型;可修改振型的放大比例;在"设置-设置三维视图-XY向显示范围"设置三维显示范围;按住鼠标左键拖动可旋转显示三维图形;滚动鼠标中键可放大显示的三维图形;按住鼠标中键拖动可平移显示的三维图形(图4-8)。

2) 由此可查看每个振型的性态,判断结构的薄弱方向,当某个振型扭转系数为 0.5 左右时可查看三维振型图来判定此振型是侧振还是扭振。

3) 当总信息中楼板采用实际模型计算时,这里显示的是实际模型计算的振型。

4) 光标停止移动时将提示所在点位移值,鼠标右键点选可查看此点文本位移值。

4.2.4 文本计算结果

【文本结果】在平面或三维图形中选择墙柱、梁、板构件,显示该构件文本截面计算结果。

【构件信息】弹出图 4-9 对话框以平面或三维框显示 GSSAP 采用的梁、柱的计算长度;墙柱、梁、板的设计属性和材料属性。

【剖分信息】弹出图 4-10 对话框以平面或三维显示墙柱、梁、板的单元剖分信息,用于检查 GSSAP 墙、梁、板内部单元剖分情况。楼板计算单元采用板单元或壳单元时才有剖分信息,梁计算单元采用 H 向壳单元时才有剖分信息。

4.2.5 杆件的有限元计算

【板壳结果】楼板选择板单元或壳单元计算时,在平面或三维图中显示组合前后板壳计算结果。

图4-8　显示三维振型　　图4-9　构件信息　　图4-10　剖分信息

1）X、Y向底筋和面筋指钢筋摆放方向，字的显示方向为钢筋摆放方向；

2）面内外力方向与板局部坐标或主应力方向一致，字的显示方向为力的方向。板局部坐标可在录入系统中修改，缺省为总体坐标XZ面与板面交线为局部X轴，板面法向为局部Z轴，在录入中可修改；

3）有3种显示结果方式：节点数值、等值线和彩色填充；

4）弯矩单位：kN·m/m，剪力单位：kN/m，钢筋面积单位：mm^2/m，位移：单位为mm，转角单位：弧度；

5）板冲切剪切比<1.0，不满足要求，需增加板厚重新验算；当为现浇空心板时显示两方向肋梁最大箍筋（$cm^2/0.1m$）和两方向最大剪切验算结果；

6）选择板上一点，显示方式为节点数值时文本输出最近节点计算结果，其他方式文本输出选择点插值结果（图4-11）。

【墙壳结果】弹出图4-12，以立面图或三维图显示墙壳应力结果。

1）面内外力方向与板局部坐标或主应力方向一致，字的显示方向为力的方向。沿墙肢方向为局部X，总体坐标Z为局部Y轴；

2）有3种显示结果方式：节点数值、等值线和彩色填充；

3）弯矩单位：kN·m/m，剪力单位：kN/m，钢筋面积单位：mm^2/m，位移单位：mm，转角单位：弧度；

4）选择墙肢上一点，显示方式为节点数值时文本输出最近节点结果，其他方式文本输出选择点插值结果。

【梁壳结果】弹出图4-13对话框，梁选择H向壳单元计算时，立面或三维显示梁壳应力结果。

1）面内外力方向与板局部坐标或主应力方向一致，字的显示方向为力的方向。沿梁方向为局部 X，总体坐标 Z 为局部 Y 轴；

2）有 3 种显示结果方式：节点数值、等值线和彩色填充；

3）弯矩单位：kN·m/m，剪力单位：kN/m，钢筋面积单位：mm^2/m，位移单位：mm，转角单位弧度；

4）选择梁侧面上一点，显示方式为节点数值时文本输出最近节点结果，其他方式文本输出选择点插值结果。

【时程结果】弹出图 4-14 显示地震波、动力时程分析和地震反应谱结果比较弹出对话框显示 GSSAP 总信息所选的地震波、动力时程分析和地震反应谱结果比较，比较内容包括：地震最大位移、地震最大层间位移角、最大地震力、最大地震剪力和最大地震弯矩。

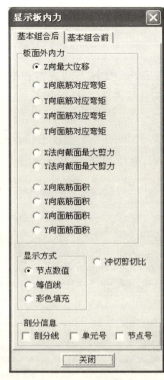
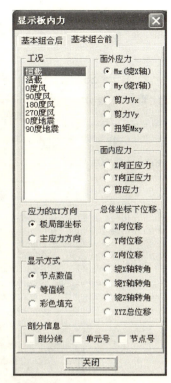

图 4-11　显板内力

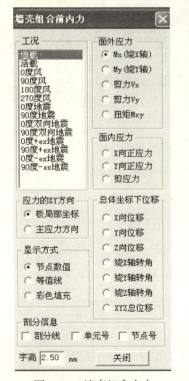

图 4-12　墙壳组合内力

图 4-13　梁壳组合内力

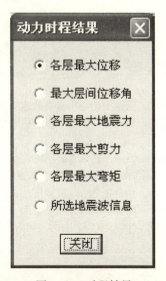

图 4-14　时程结果

4.3 对比审图

用于 GSSAP、SATWE 和 ETABS 及其不同版本和不同结构模型之间的快速比较和审图，让审图和设计人员快速了解以上软件版本升级和结构方案修改对计算结果的影响；同时完成快速审图，方便初步设计。

点[找工程]按钮查找要比较和审图的工程，下拉框选择计算软件的版本
点[生成报告]按钮生成报告，点[显示报告]按钮显示报告（图 4-15）。

图4-15 对比审图

练习与思考题

1. 在 GSSAP 计算结果文本文件中，当最不利地震方向与所计算的地震作用方向角为 25°，应如何处理？
2. 当振型参与质量系数达不到 90%的时候，应如何调整？
3. "第一扭转周期/第一平动周期"应满足什么条件？当不满足时应如何调整？
4. "楼层最大层间位移角"有哪些规定？
5. 侧向位移和楼面扭转控制中："侧向位移比"有什么规定？它们与"考虑偶然偏心"或"计算扭转的地震方向"的选择有什么关系？
6. 什么是重力二阶效应？
7. 简述"图形方式"里面"超限信息"的调整方法。
8. "图形方式"中的"梁内力"中，某梁上显示形式为：

$$-43/12/-41$$
$$16/20/18$$
$$44/-43$$

各表示什么？

第 5 章　结构施工图

5.1　结构配筋系统

在空间分析完成后,进入广厦配筋系统,弹出图 5-1 对话框,自动生成结构施工图。

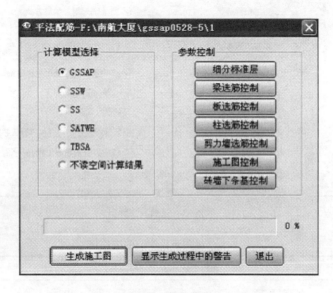

图5-1　路径设置

进入配筋系统时,已自动选择设置,若不修改点按"生成施工图"即可。
点选"结构计算模型",选择结构分析计算程序。

5.1.1　构件选筋控制

5.1.1.1　梁选筋控制
选择"梁选筋控制"弹出图 5-2 对话框。
【调整系数】
A. 梁面筋面积调整系数,为梁上部左、中、右负筋配筋面积的放大系数;
B. 梁底筋面积调整系数,为梁下部左、中、右负筋配筋面积的放大系数;
C. 悬臂梁面筋增大系数,为悬臂梁上部负筋的放大系数;
D. 梁抗扭纵筋配筋面积增大系数。
【纵筋直径】由设计人员指定本工程梁配筋所采用的钢筋直径。
【主梁最小配筋率】按照工程的抗震等级,控制框架梁面筋、底筋的最小配筋率。
纵向受拉钢筋的配筋百分率(%)不应小于表 5-1 规定的数值。

【次梁最小配筋率】控制次梁面筋、底筋的最小配筋率。次梁最小配筋率不应小于 0.2 和 $45f_t/f_y$ 中的较大值。

【贯通筋】主梁采用贯通筋，抗震结构一般选择采用贯通筋。

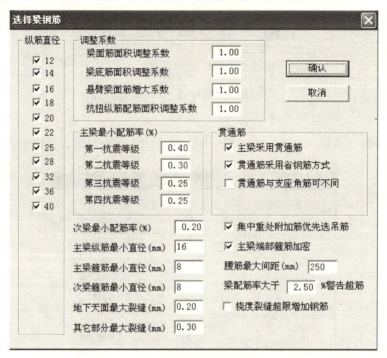

图5-2 选择梁钢筋

纵向受拉钢筋的配筋率　　　　　　　　　　表 5-1

抗震等级	梁 中 位 置		框支梁
	支　座	跨　中	特一级：0.6
一级	0.4 和 $80f_t/f_y$ 中的较大值	0.3 和 $60f_t/f_y$ 中的较大值	0.5
二级	0.3 和 $65f_t/f_y$ 中的较大值	0.25 和 $55f_t/f_y$ 中的较大值	0.4
三、四级	0.25 和 $55f_t/f_y$ 中的较大值	0.2 和 $45f_t/f_y$ 中的较大值	0.30
非抗震	拉：0.2 和 $45f_t/f_y$ 中的较大值，压：0.2		0.30

注：表中对三级以下框支梁配筋率 0.3% 要求是广厦程序控制条件，不是规范要求。

【贯通筋采用省钢筋方式】即用较少钢筋（最少为面筋 1/4）来贯通，相应钢筋直径较小，根数较多。若不用省钢筋方式，可使钢筋直径大一些，根数少一些，一般不用省钢筋方式，好处是这样选择的钢筋直径较合理，便于施工。若选择用省钢筋方式，由于贯通筋直径小，虽然省了钢筋，但造成负筋根数多，直径小，施工不便。

【集中重处附加钢筋优先选择吊筋】若选择该项，则优先选吊筋，否则优先选密箍。程序在判断时若单选一种不够，则吊筋、密箍都加。为防止加密箍施工漏掉，可优先选吊筋。

【主梁端部箍筋加密】若不选该项，则按箍筋间距的上限控制。

【主梁纵筋最小直径】《钢筋混凝土设计规范》要求抗震等级为一、二级的框架梁钢筋直径≥14mm；抗震等级为三、四级钢筋直径≥12mm。

【主梁箍筋最小直径】《建筑抗震设计规范》6.3.3 条要求框架梁加密区箍筋的最大间距和最小直径见表 5-2。

框架梁加密区箍筋的长度、箍筋最大间距和最小直径　　　　表 5-2

抗震等级	加密区长度（取较大者）	最小直径	最大间距（取最小值）
一	$2.0h_0$,500	10mm	$h/4,6d$,100mm
二	$1.5h_0$,500	8mm	$h/4,8d$,100mm
三	$1.5h_0$,500	8mm	$h/4,8d$,150mm
四	$1.5h_0$,500	6mm	$h/4,8d$,150mm

注：h 为梁截面高；d 为纵筋直径。
当底筋或负筋配筋率>2.0%时，上表中的箍筋最小直径应增大 2 mm。
若设置的直径小于规范要求，则不起作用。

【次梁箍筋最小直径】若小于规范要求，则不起作用。

【腰筋最大间距】当无腰筋时，抗扭纵筋配筋面积各一半加到面筋和底筋，否则各三分之一加到面筋、底筋和腰筋；梁的腹板高 h≥450mm 均应设腰筋；每侧腰筋的截面面积不应小于腹板截面面积 bh_w 的 0.1%；按构造配置的腰筋竖向间距不宜大于 200mm；长度伸至梁端。

【梁配筋率大于多少警告超筋】所有面筋或底筋大于设定值的梁都给予警告。按《钢筋混凝土设计规范》梁端纵向受拉钢筋的配筋率不应大于 2.5%。

【挠度裂缝超限增加钢筋】选择此项时，程序以配筋调整梁的裂缝和挠度。

程序设置梁的裂缝≤0.3mm，基础梁和天面梁的裂缝≤0.2mm。当不满足要求时，程序自动增加梁钢筋截面 10%重新验算，如此循环，直到满足要求。

梁的挠度限如表 5-3 所示。

梁的最大挠度　　　　表 5-3

梁净跨长度	非悬臂梁挠度	悬臂梁挠度
$L_0<7$m	$L_0/200$	$L_0/100$
$7≤L_0≤9$m	$L_0/250$	$L_0/125$
$L_0>9$m	$L_0/300$	$L_0/150$

大跨度梁或井字梁常会出现由裂缝和挠度控制配筋，而不是由内力控制配筋，对这类梁最好做裂缝和挠度验算。

5.1.1.2 板选筋控制

选择"板选筋控制"弹出图 5-3 对话框：

板选筋控制参数：

【相邻板板面高差大于多少米支座筋不拉通】高差大于设定值，则楼面施工图上板支座负筋断开绘制。

【板负筋最小直径】对于支承结构整体浇筑或嵌固在承重砌体墙内的现浇混凝土板，应沿支承周边配置上部构造钢筋，其直径不宜小于 8mm，间距不宜大于 200mm，不小于板跨中相应方向纵向钢筋截面面积的 1/3。

【板底筋最小直径】用于设计人员控制最小直径。钢筋直径不宜小于 8 mm。

【板负筋长度增幅】一般选择 100mm 或 200mm，板负筋最小长度为 600mm，在此基础上按增幅值增加。

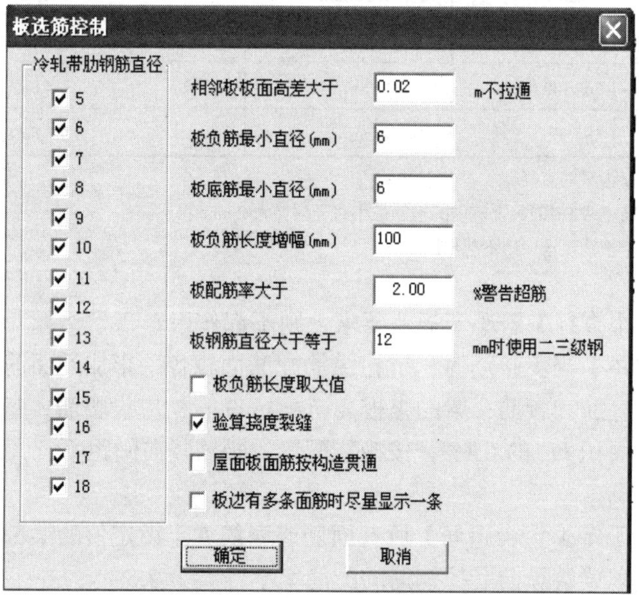

图 5-3 板选筋控制参数

【板配筋率大于多少警告超筋】所有配筋率大于设定值的板都给予警告；程序默认最大配筋率为 2.0%，具体查受弯构件最大配筋率表。

【板钢筋直径大于多少 mm 时使用二、三级钢筋】一般设置 12mm。

【板负筋长度取大值】选择该项，则板支座钢筋长度不按左右两板分别标注，而是左右两板钢筋长度取相同，且取大值。

【验算挠度裂缝】非悬臂板的裂缝和挠度不满足规范要求时，程序自动增加板底钢筋，板的底筋可增 ϕ10@100。在验算板的挠度裂缝时，先计算板的弹性挠度，再按一米宽的板带同梁的计算方法一样验算，最后两个方向取最小值，由于板弯矩计算采用的查表法，边界条件只有简支、固支和自由，所以板的挠度、裂缝验算结果比较粗糙，程序只提供设计参考，若偏大，可关闭此开关。

【屋面板面筋按构造贯通】若选择，则屋面板面筋按照贯通画图。

【板边有多条面筋时尽量显示一条】若选择，同一板边的相同面筋将合并显示。

5.1.1.3 剪力墙选筋控制

选择"剪力墙选筋控制"弹出图 5-4 对话框。

【剪力墙暗柱区钢筋最小直径】、【剪力墙暗柱区箍筋最小直径】、【剪力墙暗柱区最小配筋率】按《建筑结构抗震规范》6.4.5 条取值。

【分布钢筋最小直径】剪力墙分布钢筋直径不应小于 8mm；缺省为 8。

【分布钢筋最小配筋率】一、二、三级抗震等级剪力墙的水平和竖向分布钢筋配筋率均不应小于 0.25%；四级抗震等级剪力墙不应小于 0.2%。程序缺省为 0.25。

【分布筋最大间距】分布钢筋间距不宜大于 300mm；直径不宜大于墙厚的 1/10 且不应小于 8mm；部分框支剪力墙结构的剪力墙底部加强部位，水平和竖向分布钢筋配筋率不应小于 0.3%，钢筋间距不应大于 200mm。程序缺省为 200。如表 5-4 所示。

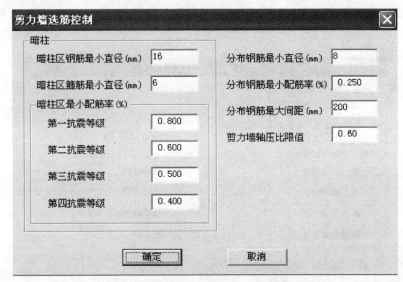

图 5-4 剪力墙选筋控制参数

剪力墙钢筋最小值与间距最大值　　　　表 5-4

抗震等级	底部加强部位			其他部位		
	纵向钢筋最小量（取较大值）	箍筋		纵向钢筋最小值（取较大值）	拉筋	
		最小直径（mm）	沿竖向最大间距（mm）		最小直径（mm）	沿竖向最大间距（mm）
一	$0.010A_c$，6A16	≥8	100	$0.008A_c$ 6A14	8	150
二	$0.008A_c$，6A14	≥8	150	$0.006A_c$ 6A12	8	200
三	$0.006A_c$，6A12	≥6	150	$0.005A_c$ 4A12	6	200
四	$0.005A_c$，4A12	≥6	200	$0.004A_c$ 4A12	6	250

注：A_c 为剪力墙暗柱面积

【剪力墙轴压比限值】一级和二级抗震墙，底部加强部位在重力荷载代表值作用下墙肢的轴压比，一级（9 度）时不宜超过 0.4，一级（7、8 度）时不宜超过 0.5，二级时不宜超过 0.6。超过给定限值，程序在超筋超限警告文件中将警告。

5.1.1.4 柱选筋控制

选择"柱选筋控制"弹出图 5-5 对话框。

【调整系数】柱配筋面积调整系数为柱纵向钢筋面积放大系数;最小体积配箍率调整系数为柱箍筋面积放大系数。

【中边柱最小配筋率】、【角柱和框支柱最小配筋率】柱纵向钢筋的最小总配筋率应按《高层建筑混凝土结构技术规程》6.4.3条采用,同时每一侧配筋率不应小于0.2%;对建造于Ⅳ类场地且较高的高层建筑,表中的数值应增加0.1。见表5-5。

【录入系统中第一层柱加长多少米】首层柱底端(即嵌固端)与建筑0标高的距离,为正值。当首层柱加长计算时,首层柱柱高与建筑标高自动扣减。

【柱箍筋直径大于多少毫米时使用二三级钢】柱箍筋使用二级钢的最小直径;一般为12mm。

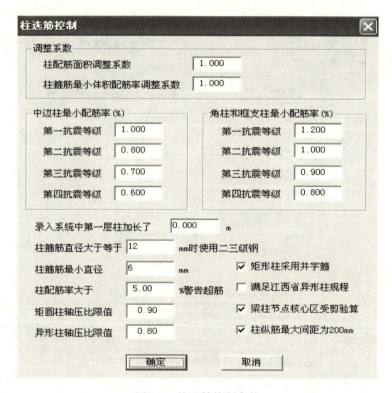

图5-5 柱选筋控制参数

柱截面纵向钢筋的最小总配筋率(百分率)　　　　表5-5

类别	抗震等级				非抗震
	一	二	三	四	
中柱、边柱	0.9(1.0)	0.7(0.8)	0.6(0.7)	0.5(0.6)	0.5
角柱	1.1	0.9	0.8	0.7	0.5
框支柱	1.1	0.9	0.8	—	0.7

注:1. 括号内数字用于框架结构柱;

2. 采用335MPa级、400MPa级纵向受力筋时,应分别按表中数值增加0.1和0.05采用;

3. 混凝土强度等级高于C60时应增加0.1。

【柱箍筋最小直径】柱箍筋直径不应小于$d/4$（d为柱纵向钢筋的最大直径），且不应小于6mm，当柱中全部纵向受力钢筋的配筋率大于3%时，箍筋直径不应小于8mm。

在有抗震要求情况下，箍筋最大间距和最小直径应按表5-6采用。

柱箍筋加密区的最大间距和最小直径　　　　　　　　　　　　表5-6

抗震等级	箍筋最大间距（采用较小值，mm）	箍筋最小直径（mm）
一	$6d$，100	10
二	$8d$，100	8
三	$8d$，150（柱根100）的较小值	8
四	$8d$，150（柱根100）的较小值	6（柱根8）

注：d为柱纵筋最小直径；柱根指框架底层柱嵌固部位。

【柱配筋率大于多少警告超筋】所有配筋率大于设定值的柱都给予警告；全部纵向钢筋的配筋率非抗震设计时不宜大于5%，不应大于6%，抗震设计时不应大于5%。

【矩圆柱轴压比限值】所有轴压比大于设定值的柱都给予警告。

柱轴压比不宜超过表《建筑抗震设计规范》6.3.6条的规定；建造于Ⅳ类场地且较高的高层建筑，柱轴压比限值应适当减少（表5-7）。

【异形柱轴压比限值】异形柱轴压比应比同等抗震等级矩形柱降低，如表5-8所示。

【矩形柱采用井字箍】采用井字形箍筋形式。

柱轴压比限值　　　　　　　　　　　　表5-7

结构类型	抗震等级			
	一	二	三	四
框架结构	0.65	0.75	0.85	0.9
框架—抗震墙、板柱—抗震墙及筒体框架—核心筒及筒中筒	0.75	0.85	0.95	0.95
部分框支抗震墙	0.6	0.7	—	

异形柱轴压比限值　　　　　　　　　　　　表5-8

	L形	T形	十字形
比矩形柱降低	0.3	0.25	0.2

【梁柱节点核心区受剪验算】设置此项程序对矩形柱、圆柱、异形柱等的框架梁柱节点核芯区抗震受剪验算。在抗震和非抗震情况下，均应进行梁柱节点验算。

【柱纵筋最大间距为200mm】设置该项程序将控制柱纵筋间距不超过200mm。截面边长大于400mm的柱，纵向钢筋间距不宜大于200mm。

5.1.1.5　施工图控制参数

选择"施工图控制参数",弹出图5-6对话框。

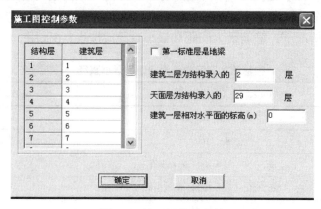

图5-6 施工图控制参数

【建筑二层为结构录入的___层】施工图的层号为建筑层号,计算的层号为广厦结构录入系统划分的结构层号(永远从1开始),通过输入建筑二层所对应的结构层号来确定它们的对应关系。图5-7建筑二层所对应的结构层为五层。建筑一层相对水平面的标高位0.00m。

【第一标准层为地梁层】当工程有地梁,且在录入系统按第一标准层输入时,在此选择"第一标准层是地梁层",则第一标准层对应的施工图的梁板号前加J。

5.1.1.6 砖墙下条基控制

当工程为纯砖混或砖、混凝土混合结构时,弹出图5-8对话框设置地基承载力特征值(根据整片砖墙下标准轴力求条基宽度)、基础埋深(计算土压力)和常用基础宽度。在平法施工图中调入第0层将自动生成条形基础平面图。

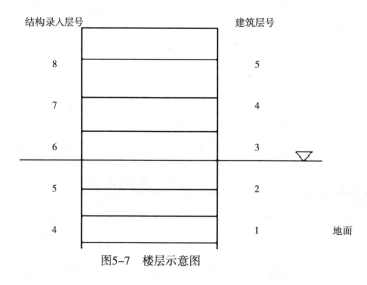

图5-7 楼层示意图

5.1.2 生成结构施工图

设置梁板柱的选筋控制和施工图控制后,选择此菜单,自动生成整个工程梁板柱结构施工图,为施工图系统准备数据。

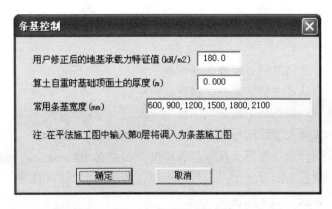

图5-8 条形基础控制

5.1.3 警告信息的处理

显示警告信息：有超筋可查看 GSSAP 提供的超筋文件 Filename.wrn，用写字板可打开，文件中提供超筋原因。

警告信息分为两类：一类提示请人工选筋，程序的钢筋库内没有对应的钢筋，需设计者自行选筋，这并不代表超筋，此类信息只需在施工图中手工配筋即可；另一类提示超筋，此类信息需返回录入系统修改截面或边界条件。另外，程序计算提供的是单排筋的配筋面积，当选筋为双排筋时，自动按梁高放大，警告配筋率超过 2.5%时，显示单排筋的配筋率可能只有 2.1%。

5.2 施工图系统

进入"平法施工图"，可以打开程序生成的板、梁、墙柱施工图，并进行修改。该系统生成的施工图不同于空间分析计算后图形方式打开的施工图。区别在于以下几点：

1. 空间分析后显示的构件配筋面积可能小于规范的构造要求。规范构造要求的配筋面积在配筋系统进行计算。

2. 空间分析后显示的中柱（包括异形柱）的配筋是单向计算结果，不包含双向验算结果，而施工图系统中显示的柱（包括异形柱）配筋包含双向验算结果；

3. 空间分析后显示的中柱（包括异形柱）的配箍面积是不包含梁柱节点验算结果，当配筋系统中设置了"梁柱节点验算"时，施工图系统中显示的柱（包括异形柱）配箍面积包含梁柱节点验算结果；

4. 空间分析后显示梁跨中配筋面积不包含梁挠度和裂缝验算结果，当配筋系统中设置了"梁挠度裂缝超限增加钢筋"时，施工图系统中显示的跨中配筋面积已包含梁跨中挠度、裂缝验算的结果。

送审的柱和梁配筋面积简图应在施工图系统中打印，空间分析系统显示的计算结果仅供结果分析之用。

配筋系统参数设置完成，生成施工图，处理了警告信息后，进入施工图系统，现在多选用平法施工图。进入"构件设计"菜单。

5.2.1 构件设计

5.2.1.1 板设计

【自动归并】自动归并所有板或选择的板。

【贯通钢筋】自动贯通板钢筋或选择贯通板钢筋。

【自调重叠】自动调整板上重叠文字。

【整理编号】快速人工编板号。

【强行归并】强行归并板厚、板标高、跨度（误差在100mm以内）和钢筋相同的板。

【删　　除】删板上所有文字：板号、板厚、板标高、负筋和底筋。

【两点负筋】布置板的支座钢筋。

【布置正筋】布置板的对应正弯矩的钢筋（受力向下时为底筋）。

【一点负筋】布置板支座钢筋。

【移动板筋】移动板面筋和底筋。

【修改板筋】修改板的面筋和底筋。程序同时显示欲修改钢筋的计算配筋和实际配筋，及其配筋率；修改后钢筋的配筋面积和配筋率。

【代换钢筋】把当前板钢筋代换成冷轧扭钢筋或冷轧带肋钢筋。见图5-9。

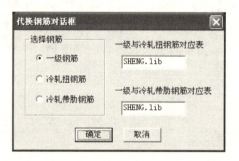

图5-9　代换钢筋对话框

当前板钢筋的类型为录入系统中计算总体信息中设置的板钢筋类型，代换只是等强度代换，程序没有控制最小配筋率，需设计者自行验算。

钢筋对应表（文件 sheng.lib）总共20行，对应的冷轧钢筋直径和间距。可用文本编辑器进行修改，如：6，200，5.5，200 表示一级钢筋直径 6mm 间距 200mm 对应冷轧钢筋直径 5.5 间距 200mm，其他类似。

【归前板筋】显示所有板上钢筋（包括由于归并而没有显示的板筋）。

【显板弯矩】显示每块板板边、板中弯矩，单位为 kN·m。

【显板配筋】显示板每米宽度配筋面积，单位 cm^2（图 5-10）。

【裂缝挠度】显示板边裂缝、跨中裂缝和挠度，单位 mm。

5.2.1.2 梁设计

梁施工图为平法施工图，梁平法施工图需与梁平法表头配套使用，梁平法表头在硬盘的 GSCAD 子目录下的 Lt.dwg 文件。

【合并连梁】把多条连续梁合并为一条连续梁。

【合并梁跨】同一根连续梁内多跨合为一跨。

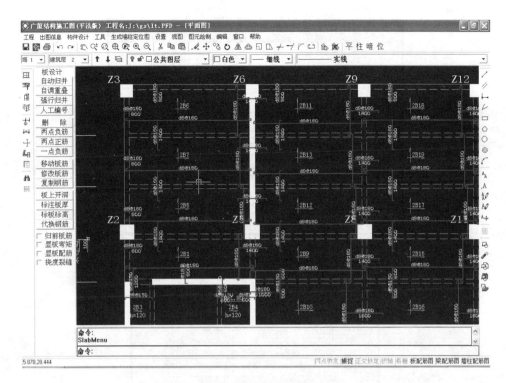

图5-10　板配筋图

【改梁钢筋】有四种方式可改梁钢筋，即修改梁原位标注、梁跨集中标注、密箍或吊筋。

1）修改梁原位标注：面筋、底筋、截面尺寸、箍筋、架立筋和标高；
2）修改梁跨：面筋、底筋、截面尺寸、箍筋、架筋和标高，如图5-11；

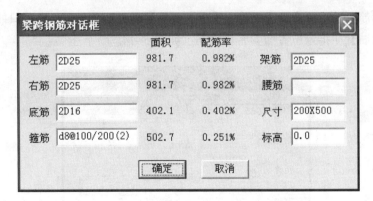

图5-11　梁跨钢筋对话框

3）修改梁集中标注：连续梁编号、截面尺寸、箍筋、架立筋和标高，如图5-12；
4）修改梁的密箍或吊筋，如图5-13。

角度为密箍或吊筋与水平的夹角，宽度为相交梁的宽度，高度为密箍或吊筋所在跨梁的高度。

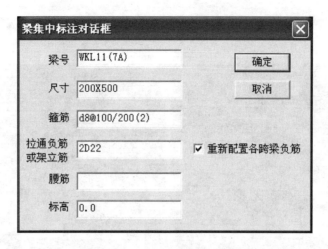

图 5-12 梁集中标注对话框

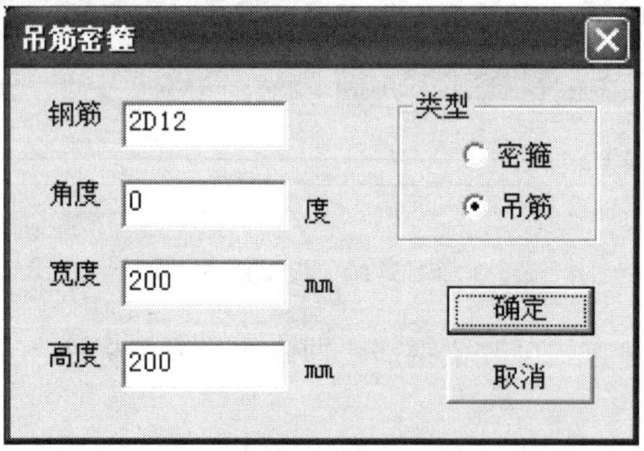

图5-13 修改吊筋密箍

【复制钢筋】复制整跨梁或梁跨上文字，负筋只能复制为负筋，底筋只能复制为底筋。
【密箍吊筋】在指定位置布置密箍吊筋。如图 5-14。

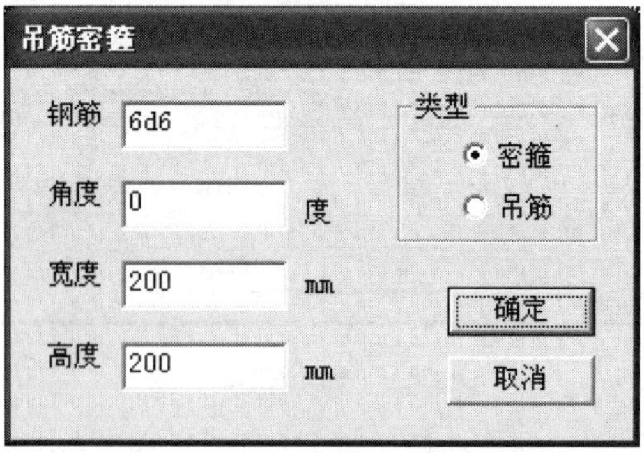

图5-14 布置吊筋密箍

角度为密箍或吊筋与水平的夹角，宽度为相交梁的宽度，高度为密箍或吊筋所在跨梁的高度。

【显梁内力】显示梁弯矩包络和左右最大剪力值,其显示形式为:

$$-43/12/-41$$
$$16/20/18$$
$$44/-43$$

梁左支座/跨中/右支座负弯矩

梁左支座/中间/右支座正弯矩

梁左支座/右支座的剪力值

力的单位为kN,弯矩的单位为kN·m。左支座 $V=44$ kN,为正。右支座 $V=-43$ kN,为负。

【显梁配筋】混凝土梁配筋格式:

$$15-6-8+2$$
$$3-6-2/1/0.5$$

梁左支座-跨中-右支座负筋配筋面积+抗扭纵筋配筋面积(cm^2)

左支座-跨中最大-右支座底筋面积/0.1m范围梁端配箍面积/0.1m范围梁跨中配箍面积

梁跨中底筋配筋面积不包含挠度裂缝验算的结果(在施工图系统中包含挠度裂缝验算的结果)。

钢梁验算结果显示格式:

$$0.7/0.8/0.9$$

翼缘处最大正应力和允许应力比/中和轴处最大剪应力/允许应力比和翼缘与腹板交点处的主应力和允许应力比(≤1满足要求)。

【裂缝挠度】裂缝挠度格式如下显示:

$$0.21/0.15$$
$$0.18/10.2$$

梁左支座裂缝/右支座裂缝(mm)

跨中裂缝/跨中挠度

5.2.1.3 柱设计

柱施工图有柱平法施工图和柱表两种,柱平法施工图需与柱平法表头配套使用,柱平法表头在硬盘GSCAD子目录下的Zt.dwg文件。

【自动归并】自动归并所有柱或选择的柱,钢筋取大值。

【强行归并】强行归并层数和对应截面相同的柱,钢筋取大值。

【改柱钢筋】修改柱上字串和箍筋形式。

1. 修改柱上字串:单选柱上字串,输入要修改的字串。

2. 修改柱箍筋形式:单选柱,显示已有的箍筋型式,输入要修改的箍筋型式。

柱箍筋形式如图5-16所示。

5.2.1.4 剪力墙设计

剪力墙施工图包括墙柱配筋图、剪力墙身表和剪力墙暗柱表,剪力墙暗柱表为暗柱配筋大样,见"窗口—暗柱表"。

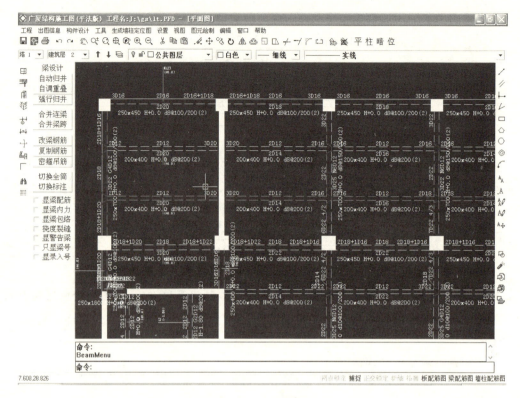

图5-15 梁平法配筋

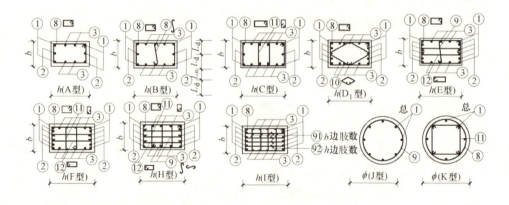

图5-16 柱箍筋形式

【显柱配筋】在平面图中显示墙柱配筋。各标示的意义见图5-17。

施工图系统中包含双向验算结果。

1）矩形柱时，At、Ad、Al和Ar显示上下左右单边配筋面积（mm²），Asc为角部配筋面积（mm²）；Apr为轴压比，Avx和Avy为沿B边和H边的配箍面积（mm²/0.1m），零为构造配箍（施工图按最小配箍率配箍），Uv为体积配箍率；JKB是柱的最小剪跨比，9999表示没有计算剪跨比；

2）圆柱时，As显示总的纵筋面积；Apr为轴压比，Av为配箍面积（mm²/0.1m），零为构造配箍（施工图按最小配箍率配箍）；JKB是柱的最小剪跨比，9999表示没有计算剪跨比；

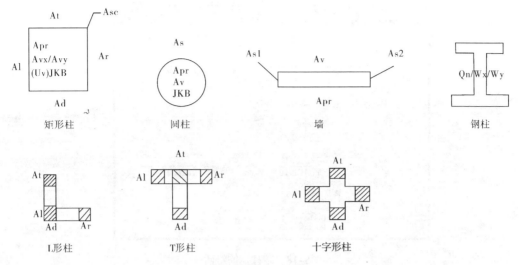

图5-17 显柱配筋

3）L形柱时，Al+Ad 为两肢相交处纵筋总面积，At 和 Ar 为端点的纵筋面积；

4）T形柱时，At 为两肢相交处纵筋总面积，Al、Ad 和 Ar 为端点的纵筋面积；

5）十字形柱时，At、Ad、Al 和 Ar 为端点的纵筋面积。

L形、T形、十字形柱配筋单位 mm^2；十形柱交叉部分钢筋按构造取 4D12 或 4D14；异形柱肢较长时，纵筋间距大于 300mm 时，肢中布置钢筋直径为 12 或 14 的构造纵筋，并设拉筋，拉筋间距为箍筋间距的两倍。轴压比、配箍面积和最小剪跨比的显示同矩形柱。

剪力墙中 As1 和 As2 为暗柱总配筋面积（mm^2），在两墙肢相交处，已考虑公用情况，Av 为 1m 范围内水平分布筋配筋面积（mm^2/m），Apr 为轴压比，水平和竖向分布筋为施工方便一般取相同结果，但水平分布筋配筋面积较大时竖向分布筋可另外构造处理，但直径不宜小于 10。

剪力墙端柱处的暗柱总钢筋为柱的纵筋总面积和墙端暗柱面积之和，CAD 自动处理时没有考虑墙端暗柱面积，需人工处理。

钢柱验算结果：Q_n 为正应力的强度应力比、W_x 和 W_y 为对应 M_x 和 M_y 的稳定应力比，≤1 满足要求。

【自动归并】自动归并所有剪力墙或选择的剪力墙的暗柱和墙身，钢筋取大值。

【强行归并】强行归并截面相同的暗柱和墙身，钢筋取大值。

【改暗柱筋】单选暗柱或暗柱编号，弹出如图 5-18 对话框，修改暗柱纵筋和箍筋。

纵筋 16Φ16 下显示总的配筋面积（mm^2）和暗柱的配筋率。

暗柱 0 度角度下尺寸定义如图 5-19。

【修改墙身】单选分布筋编号，弹出 5-20 对话框修改墙身表中的墙厚、水平分布筋、竖向分布筋和拉筋。

5.2.1.5 柱表编辑

柱施工图除有平法形式外还提供了柱表施工图形式，方便按设计者的习惯选择，施工图所提供的柱表可以进行编辑修改，柱表需配合柱表表头配套使用，柱表表头在 GSCAD 子目录下的 Zb.dwg 文件中。

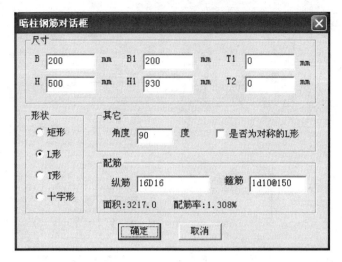

图5-18 暗柱钢筋对话框

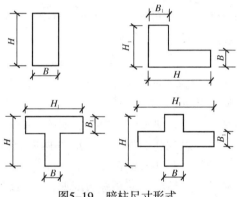

图5-19 暗柱尺寸形式

图5-20 剪力墙墙身钢筋对话框

5.2.1.6 显示构件文本计算结果

选择该项，再选择需要查看的构件，则该构件的编号、尺寸、设计属性、材料属性、各截面内力及配筋均以文本文件的形式出现，便于设计人员查看。

5.2.2 生成墙柱定位图

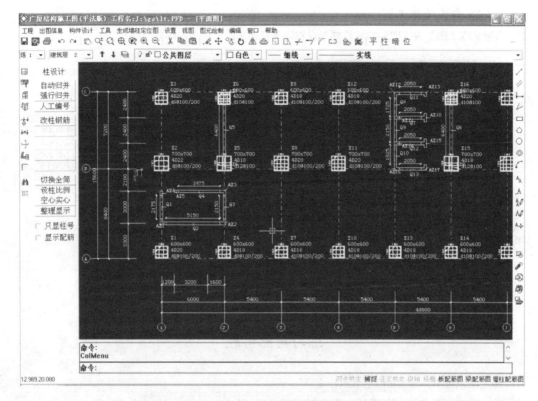

图5-21 墙柱平法配筋

点按"生成墙柱定位图",已有定位图将被删掉,打开"窗口",可以看到新生成的"墙柱定位图"。

墙柱定位图标示了墙柱与轴线的关系,墙柱上下截面变化时的对应关系。

5.2.3 出图信息

5.2.3.1 设置施工图字高

点按"设置施工图字高"弹出图5-22对话框。设置适当的字体高度,使图纸标识清晰。

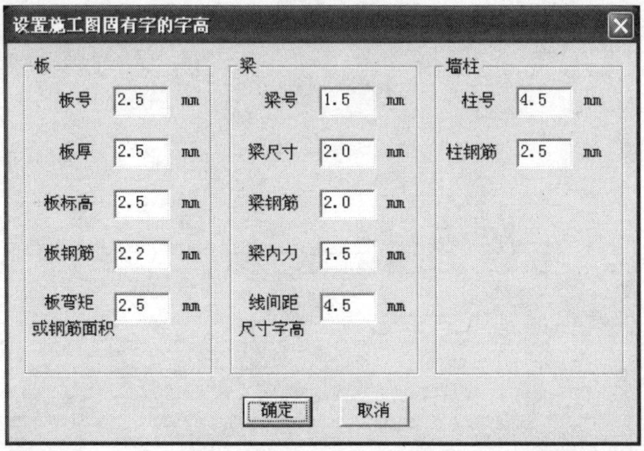

图5-22 设置施工图固有字的字高

5.2.3.2 自定义施工图

点按"自定义施工图"弹出图5-23对话框。设置需要在施工图中表示的内容。

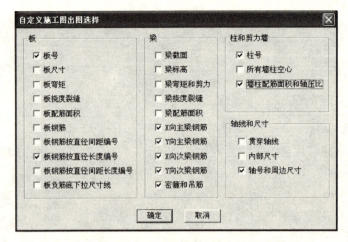

图5-23 自定义施工图出图选择

练习与思考题

1. 施工图系统中,梁显示红色表示什么?
2. 平法施工图系统中,"梁设计"菜单中,"只显梁号"与"显录入号"有什么区别?
3. "自动归并"的条件是什么?"强行归并"对任何的两块板都可以归并吗?
4. 两跨连续梁,跨度分别为 3m 和 7m,7m 跨的计算配箍面积大于 3m 跨,而 3m 跨所选箍筋大于 7m 跨,为什么?

第6章 基础计算与设计

录入系统建模完成后,选择【生成计算数据】菜单,弹出对话框,选择【生成基础CAD数据】,当进入【基础CAD】后才能显示平面图形。进入【基础CAD】后,选择【读取墙柱底力】菜单,弹出对话框,选择读取GSSAP计算的上部结构产生的墙柱底内力。

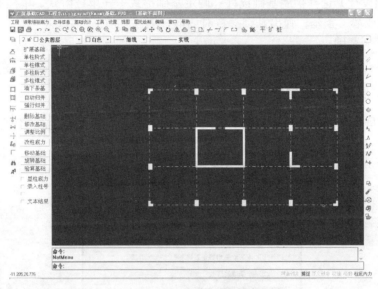

图6-1 基础平面图窗口

广厦基础CAD能处理扩展基础、桩基础、弹性地基梁以及桩筏、筏板基础,如图6-2所示。

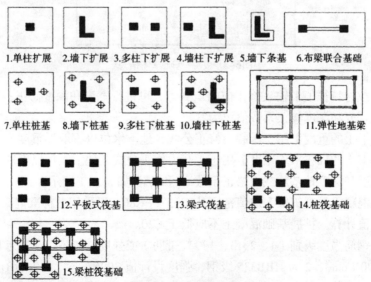

图6-2 基础形式

6.1 扩展基础设计

扩展基础可以设计单、多柱扩展基础、墙下扩展基础、墙下条形基础、墙柱下扩展基础和联合扩展基础承台上的梁。

扩展基础设计流程：

1. 【读取墙柱底力】；
2. 填写扩展基础【总体信息】；
3. 【基础设计】选择扩展基础设计：确定基础形式——单柱阶式、单柱锥式、多柱阶式、多柱锥式或墙下条基，弹出基础参数对话框，填写对话框参数；
4. 布置扩展基础；
5. 查看文本计算结果。

6.1.1 扩展基础总体信息

首先点按屏幕上方的【总体信息】弹出对话框，进入【扩展基础总体信息】，如图 6-3 所示。

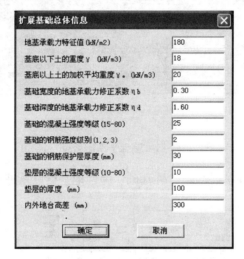

图6-3 扩展基础总体信息

【地基承载力特征值】输入修正前的承载力，可进行宽度和深度修正；若输入修正后的承载力，则宽度和深度修正系数值填为零。

【基底以下土的重度】用于承载力修正公式，地下水位以下取浮重度。

【基底以上土的加权平均重度】用于承载力修正公式，地下水位以下取浮重度。

【基础宽度和深度地基承载力修正系数 η_b 和 η_d】如表 6-1 所示。

【基础的混凝土强度等级】取值范围从 C15 到 C80，可采用非标准混凝土，如 C18，强度自动按插值计算。扩展基础混凝土不应低于 C20。

【基础的钢筋强度级别（1、2、3、4 冷轧带肋）或强度（N/mm²）】1 为 HPB235 级钢，强度设计值 270N/mm²，2 为 HRB335 级钢，强度设计值 300N/mm²，3 为 HRB400 级钢，强度设计值 360N/mm²。

地基承载力修正系数表　　　　　　　表 6-1

土 的 类 别			η_b	η_d
淤泥和淤泥质土			0	1.0
人工填土　e 或 I_L 大于等于 0.85 的粘性土			0	1.0
红粘土	含水比 $\alpha_w>0.8$		0	1.2
	含水比 $\alpha_w\leqslant0.8$		0.15	1.4
大面积压实填土	压实系数大于 0.95,粘粒含量 $\rho_c\geqslant10\%$ 的粉土		0	1.5
	最大干密度大于 2.1t/m³ 的级配砂石		0	2.0
粉土	粘粒含量 $\rho_c\geqslant10\%$ 的粉土		0.3	1.5
	粘粒含量 $\rho_c<10\%$ 的粉土		0.5	2.0
e 及 I_L 均小于 0.85 的黏性土			0.3	1.6
粉砂、细砂(不包括很湿与饱和时的稍密状态)			2.0	3.0
中砂、粗砂、砾砂和碎石土			3.0	4.4

注：1　强风化和全风化的岩石，可参照所风化成的相应土类取值；其他状态下的岩石不修正；
　　2　地基承载力特征值按《建筑地基基础设计规范》附录 D 深层平板载荷试验确定时 η_d 取 0。

【基础钢筋保护层厚度】基础中纵向受力钢筋的混凝土保护层厚度不应小于 40mm；当无垫层时不应小于 70mm。

【垫层的混凝土强度等级】生成扩展基础平面 DWG 文件时，用于填写平面图说明，一般取 C10 混凝土。

【垫层的厚度（mm）】生成扩展基础平面 DWG 文件时，用于填写平面图说明，一般≥100 mm。

【内外地台高差（mm）】生成扩展基础平面 DWG 文件时，用于填写平面图说明。

6.1.2　扩展基础设计

点按屏幕上方的【基础设计】菜单，弹出对话框，进入【扩展基础设计】。屏幕右边出现扩展基础布置的菜单按键，选择后出现扩展基础参数，如图 6-4 所示。

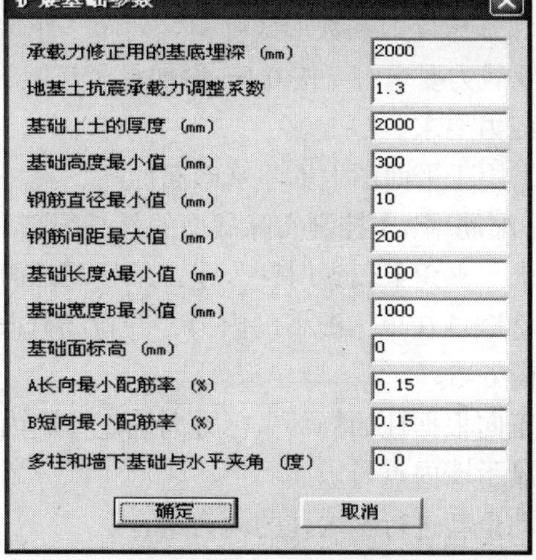

图6-4　扩展基础参数

【承载力修正用的基底埋深（mm）】 基础埋置深度一般自室外地面标高算起。在填方整平地区，自填土地面标高算起，但填土在上部结构施工后完成时，应从天然地面标高算起。对于地下室，如采用箱形基础或筏基时，基础埋置深度自室外地面标高算起；当采用独立基础或条形基础时，应从室内地面标高算起。

【地基土抗震承载力调整系数】采用地震作用效应标准组合时，地基土抗震承载力应取地基承载力特征值乘以地基土抗震承载力调整系数计算。地基土抗震承载力调整系数按表 6-2 取值。

抗震承载力调整系数表　　　　　　　　　　　　　　　　　　　表 6-2

岩土名称和性状	ξ_a
岩石，紧密的碎石土，密实的砾、粗、中砂，$f_{ak} \geq 300$ 的黏性土和粉土	1.5
中密、稍密的碎石土，中密和稍密的砾、粗、中砂，密实和中密的细、粉砂，$150 \leq f_{ak} < 300$ 的黏性土和粉土，坚硬黄土	1.3
稍密的细、粉砂，$100 \leq f_{ak} < 150$ 的黏性土和粉土，可塑黄土	1.1
淤泥，淤泥质土，松散的砂，杂填土，新近堆积黄土及流塑黄土	1.0

【基础上土的厚度】承载力计算时用于求土产生的压力。

【基础高度最小值（mm）】迭代求基础高度时的初始基础高度。程序对每一组墙柱荷载效应基本组合求节点应力。在扩展基础的四边找最近的墙柱对承台进行冲切和剪切验算。一边不满足验算要求则按 0.1m 增加高度，从承载力验算起始位置重新开始迭代，最后求得扩展基础的总高度。规范构造要求锥形基础的边缘高度不宜小于 200mm；阶梯形基础的每阶高度宜为 300～500mm。

【钢筋直径最小值（mm）】按规范构造要求扩展基础底板受力钢筋的最小直径不宜小于 10 mm。

【钢筋间距最大值（mm）】按规范构造要求扩展基础底板受力钢筋间距不宜大于 200 mm，也不宜小于 100 mm。

【基础长度 A 最小值（mm）】、【基础宽度 B 最小值（mm）】迭代求基础长度时的初始基础长度。根据作用面积和基床反力系数形成弹簧，对每一组墙柱荷载效应标准组合，求最大和最小应力，不满足承载力要求时，按 0.1m 增加承台长宽，迭代求解以满足所有荷载效应标准组合作用下的承载力要求。

【基础面标高（mm）】用于平面图上标注基础面标高。

【A 长向、B 短向最小配筋率%】控制实际截面的最小配筋率（扣除台阶以外的面积）。

【多柱和墙下基础与水平夹角】以逆时针为正，单柱基础的角度自动按柱角度。

【改柱底力】修改所选墙柱在单工况下的内力，并自动修改相关的基本组合、标准组合和准永久组合内力。见图 6-5。

柱、墙肢弯矩和剪力正向根据柱的局部坐标方向确定，墙内点 I 到 J 为局部坐标的 Y 方向，选"录入柱号"时显示墙内点号。

柱底力修改后程序自动重新进行本墙柱的内力组合。

【验算基础】修改、移动或旋转基础后，验算被选中的扩展基础，并显示当前验算结果。

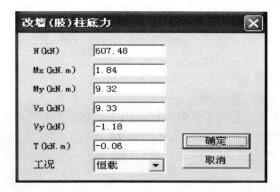

图6-5 改墙（肢）柱底力

【显柱底力】弹出对话框（图6-6），选择显示墙柱在内力组合前后基础计算的内力。

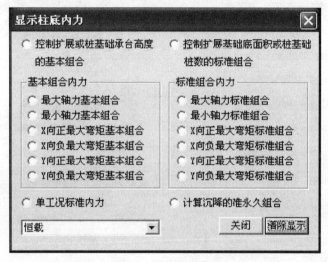

图6-6 显示柱底内力

选择"清除显示"按钮取消当前显示的墙内力。

基本组合和标准组合墙柱内力包含地震时，轴力后有"震"字。

6.1.3 扩展基础设计计算书

对每个扩展基础进行承载力、冲切、剪切验算，以及当上部结构墙柱混凝土强度等级大于基础混凝土强度等级时的局部受压验算，同时输出计算过程，便于人工验算，文本结果中的墙柱号对应录入系统中的墙柱号。

输出扩展基础总体信息。

6.2 桩基础设计

桩基础可以设计单柱桩基础、多柱桩基础、墙下桩基础及墙柱下桩基础。

桩基础设计流程：

1. 【读取墙柱底力】；
2. 填写桩基础【总体信息】；

3.【基础设计】选择桩基础设计，确定基础形式——单柱桩基础、多柱桩基础、墙下桩基础、墙柱下桩基础；

4. 布置桩基础；

5. 查看文本计算结果；

6. 桩基础施工图、承台施工图。

进入【基础CAD】后，选择【读取墙柱底力】菜单，弹出对话框，选择读取GSSAP或SSW计算的上部结构墙柱底内力。选择【总体信息】菜单，弹出对话框，选择【桩基础总体信息】菜单。

6.2.1 桩基础总体信息

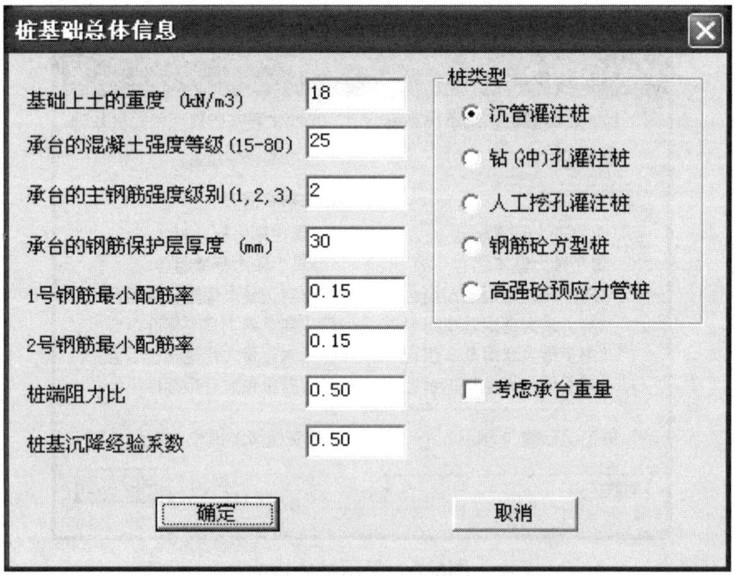

图6-7 桩基础总体信息

【基础上土的重度（kN/m³）】用于计算承台上土的自重。

【承台的混凝土强度等级】C15到C80，可采用非标准混凝土，如C18，强度自动按插值计算。承台混凝土等级不宜小于C15，采用HRB335级钢筋时，混凝土等级不宜小于C20。

【承台的主钢筋强度级别】1为HPB235级钢，强度设计值为270N/mm²，2为HRB335级钢，强度设计值为300N/mm²，3为HRB400级钢，强度设计值为360N/mm²。

【承台的钢筋保护层厚度】基础中纵向受力钢筋的混凝土保护层厚度不应小于40mm；当无垫层时不应小于70mm。

【1号钢筋最小配筋率】、【2号钢筋的最小配筋率】控制两方向全截面的最小配筋率。

【桩端阻力比】和【沉降经验系数】用于桩基础的沉降计算。

【桩形式】用于基础平面图的说明，与桩基础计算无关。

【考虑承台重量】缺省为不考虑承台重量，桩基础计算时未考虑土对承台的作用，两因素互相抵消，可以选择不考虑承台重量。

6.2.2 桩基础设计

点按屏幕上方的【基础设计】菜单,弹出对话框,进入【桩基础设计】。屏幕右边出现桩基础布置的菜单按键,选择后出现桩基础参数(图6-8)。

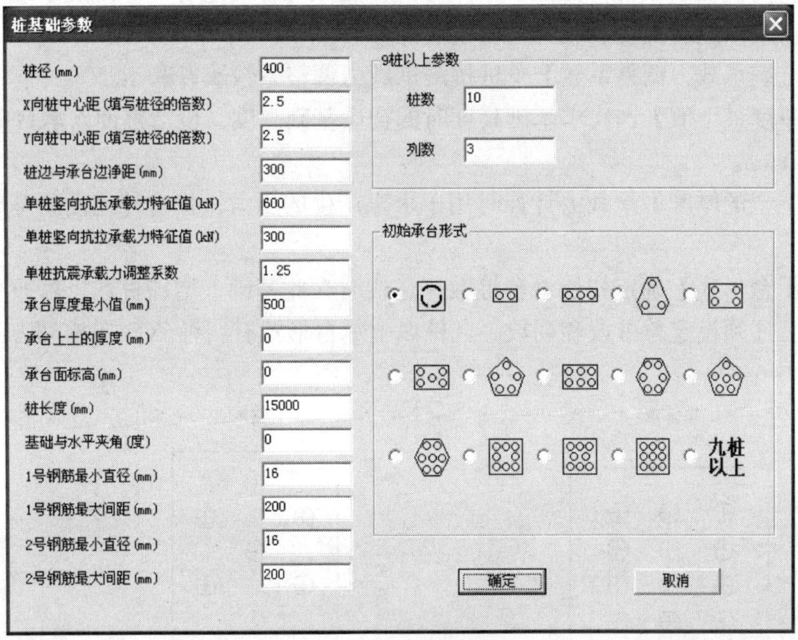

图6-8 桩基础参数

【桩径(mm)】圆桩为桩直径,方桩为桩边长。

【X向桩中心距】和【Y向桩中心距 (填写装径的倍数)】桩的最小中心距应符合表6-3的规定。

桩的最小中心距   表6-3

土类与成桩工艺		排数不少于3排且桩数不少于9根的摩擦型桩基	其他情况
非挤土和部分挤土灌注桩		3.0d	2.5d
挤土灌注桩	穿越非饱和土	3.5d	3.0d
	穿越饱和土	4.0d	3.5d
挤土预制桩		3.5d	3.0d
打入式敞口管桩和型钢桩		3.5d	3.0d

注:d——圆桩直径或方桩边长。

扩底灌注桩除应符合表6-3要求外,尚应满足表6-4的规定。

扩底灌注桩最小中心距   表6-4

成桩方法	最小中心距
钻、挖孔灌注桩	1.5D 或 D+1m(当 D > 2m 时)
沉管夯扩灌注桩	2.0D

注:D——扩大端设计直径。

【单桩竖向抗压承载力特征值（kN）】采用地震作用效应标准组合时，单桩抗震承载力应取单桩承载力特征值乘以抗震承载力调整系数计算，即 $fA_e= \zeta_a f_a$。

ζ_a——地基抗震承载力调整系数按表 6-2 取值。

【单桩竖向抗拉承载力特征值】采用地震作用效应标准组合时，抗震承载力应取地基承载力特征值乘以地基抗震承载力调整系数计算。

【单桩抗震承载力调整系数】单桩抗震承载力调整系数缺省取 1.25。

【承台厚度最小值】迭代求基础高度时的初始基础高度，包括桩伸入承台的 100mm，不宜小于 250mm。

【承台上土的厚度】承载力计算时用于求土产生的压力，指室外地面到基础顶面的距离。

【初始承台形式】确定初始承台桩数，迭代时在此基础上增加桩数。若改变承台，选九桩以上时，还须设定总桩数和列数。九桩以上承台形式有两种 XY 向排列方法：矩阵形和交错形（图 6-9）。

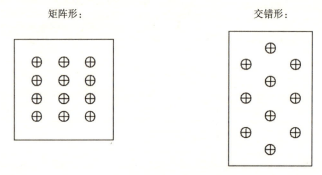

图6-9 群桩排列方式

把承台上墙柱的荷载中心作为承台几何中心后，按如下方法迭代求桩数、承台厚度和内力，并自动生成桩基础平面图和承台剖面图。

桩数的计算：给定基础初始高度，单柱下桩基础的单桩轴力采用《建筑地基基础设计规范》GB 50007—2011（8.5.4-2）公式计算，其他类型桩基础的单桩轴力采用通用有限元方法计算，划分承台有限元网格，桩采用柱单元，对每一组墙柱荷载效应标准组合，求桩反力。如果单桩不满足承载力要求，增加桩数，调整承台尺寸，迭代求解以满足所有荷载效应标准组合作用下的承载力要求。

承台总高度的计算：对每一组墙柱荷载效应基本组合，求节点应力。分别进行墙柱和桩对承台的冲切和剪切验算。如果不满足验算要求，按 0.1m 增加承台高度，从承载力验算起始位置重新开始迭代，最后求得承台总高度。

承台弯矩和配筋计算：分别求承台两方向截面弯矩和配筋，显示最大值，以弯矩最大值布筋。

【自动归并】桩数和承台相同的基础自动归并，钢筋自动取大值。

【强行归并】把被选中的桩基础按桩数相同归并到一起，钢筋取大值。

【删除基础】删除基础，并自动删除桩剖面大样表中内容。

【修改基础】单选承台，弹出如图 6-10 对话框修改。台形式有两种 XY 向排列方法：

矩阵形和交错形。

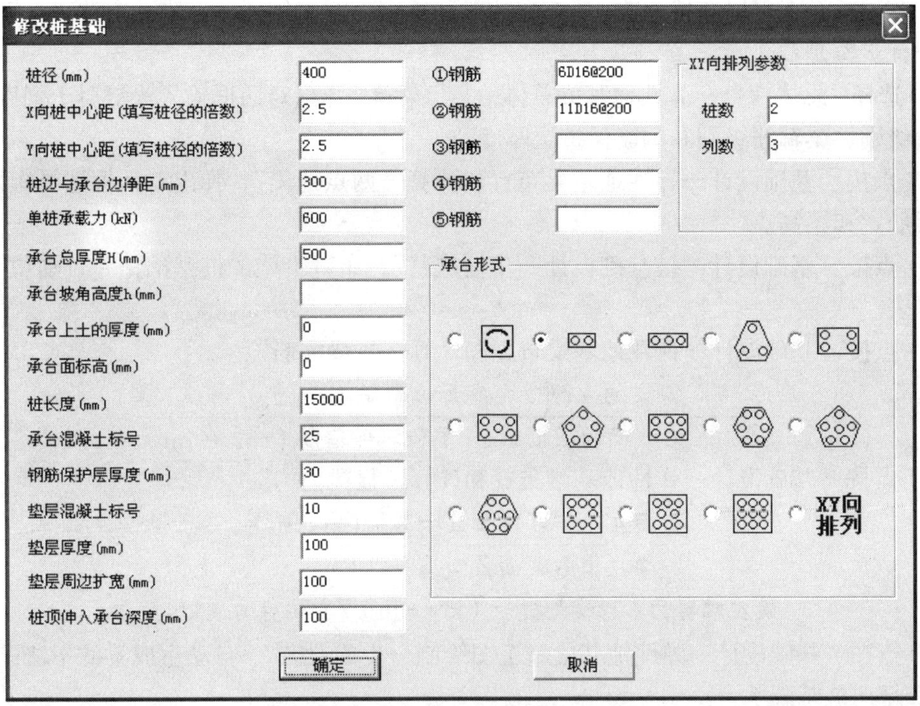

图6-10 修改桩基础

【改柱底力】单选墙肢或柱，弹出图 6-11 对话框，修改墙柱单工况内力并选择工况，程序自动修改相关的基本组合、标准组合和准永久组合内力。

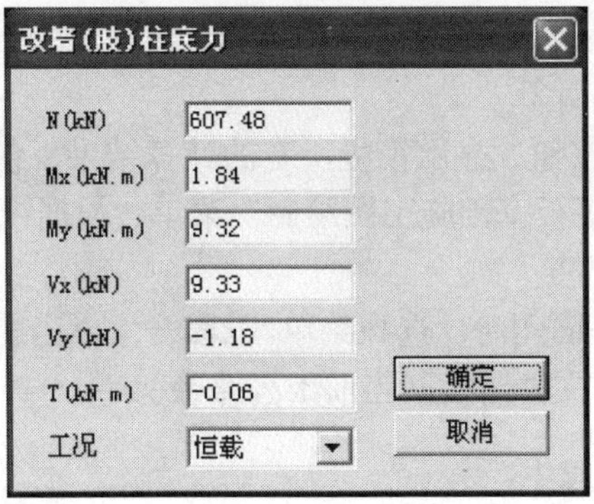

图6-11 改墙肢柱底力

柱弯矩和剪力正向根据柱的局部坐标方向确定，墙肢弯矩和剪力正向根据墙肢的局部坐标方向确定，墙内点 I 到 J 为局部坐标的 Y 方向。选"录入柱号"时可显示墙内点号。

修改后自动重新进行本墙柱的内力组合。

【显柱底力】弹出对话框，显示墙柱在内力组合前后和计算基础的内力，见图 6-6。

【文本结果】对每个桩基础进行承载力、冲切、剪切验算，以及当上部结构墙柱混凝土强度等级大于基础混凝土强度等级时的局部受压验算，同时输出计算过程，便于人工验算，文本结果中的墙柱号对应录入系统中的墙柱号。

1. 桩基础承台上的梁

桩基础承台上可以布置地梁,所布置的梁和承台一起采用通用有限元方法来计算内力。设计步骤是:

1)选择"总体信息—弹性地基梁总体信息"菜单,弹出对话框输入梁混凝土强度等级、梁纵筋级别、梁箍筋级别和钢筋保护层厚度。

2)点按"基础设计—弹性地基梁布置和计算—两点地梁",弹出对话框选择矩形梁,输入梁肋宽和梁高。

3)点按"基础设计—桩基础设计—多柱桩基",布置带梁的桩基础,并自动填写桩承台大样表。

4)点按"基础设计—弹性地基梁布置和计算—显梁配筋"。

$$\frac{梁的左/中/右截面的面筋(cm^2)}{左/中/右截面的底筋(cm^2)和端部箍筋(cm^2/0.1m)}$$

5)点按"基础设计—弹性地基梁布置和计算—显梁内力"。

$$\frac{梁左/中/右截面最小弯矩(kN \cdot m)}{梁左中右截面最大弯矩(kN \cdot m)}$$

$$梁左端剪力/T最大扭矩(kN \cdot m)/右端剪力(kN)$$

6)点按"基础设计—弹性地基梁施工图绘制—生成梁图",自动生成梁的平法配筋图。

2. 复杂桩基础承台

对于简单的单柱桩基础形式,可以直接选择菜单"窗口—桩承台大样表",显示桩承台配筋及大样表,再选择菜单"工程—生成当前窗口内容的 DWG",把桩承台大样表生成 DWG 文件。

对于墙下、墙柱联合下、多柱下等复杂的桩基础,承台按筏板计算,设计步骤:

1)进入"基础设计—桩筏和筏板基础布置和计算"菜单,点按【计算筏板】,选择需要按筏板计算的承台,重新计算。

2)点按【计算简图】按钮,显示筏板所有的计算结果,包括筏板面筋。

3)进入"基础设计—筏板基础施工图绘制"菜单,根据筏板【计算简图】板节点配筋面积人工绘制这些承台的配筋。

在当前窗口显示基础平面图时,选择菜单"工程—生成当前窗口内容的 DWG", 把基础平面图生成 DWG 文件,文件路径同当前工程路径。

6.2.3 桩基础设计计算书

对每个桩基础进行承载力、冲切、剪切验算,当上部结构墙柱混凝土强度等级大于基础混凝土强度等级时进行局部受压验算,同时输出计算过程,便于人工验算,文本结果中的墙柱号对应录入系统中的墙柱号。

输出桩基础总体信息。

6.3 弹性地基梁设计

1)适用于弹性地基梁结构,梁的截面形式可为矩形、⊥形和T形;

2）利用文克尔假定导出弹性地基梁的单元刚度矩阵，用矩阵位移法计算弹性地基梁在上部单工况荷载作用下的位移和内力，内力组合后计算截面配筋；

3）可选择按图形方式或文本方式输出计算结果，自动生成平法表示的梁施工图；

弹性地基梁可以设计柱下弹性地基梁、墙下弹性地基梁。

弹性地基梁设计流程：

（1）进入"弹性地基梁布置和计算：
（2）【读取墙柱底力】；
（3）填写弹性地基梁【总体信息】；
（4）选择布置基础梁，弹出"弹性地基梁参数"对话框，填写对话框参数；
（5）布置弹性地基梁；
（6）布置梁上荷载；
（7）计算弹性地基梁；
（8）查看文本计算结果；
（9）进入"弹性地基梁施工图绘制"生成弹性地基梁施工图。

6.3.1 弹性地基梁总体信息

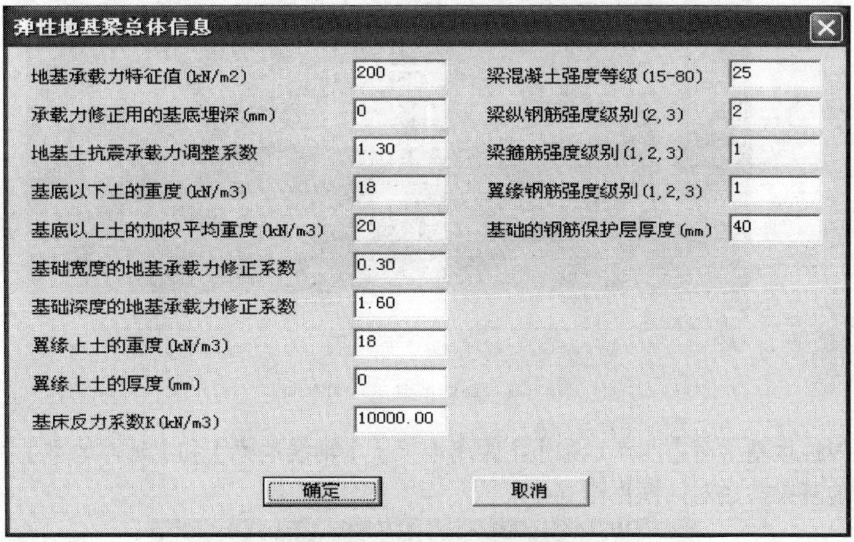

图6-12 弹性地基梁总体信息

【地基承载力特征值】输入修正前的承载力，可进行宽度和深度的修正。若输入修正后的承载力，则宽度和深度的修正系数值填为零。

【承载力修正用的基底埋深（mm）】基础埋置深度，一般自室外地面标高算起。在填方整平地区，可自填土地面标高算起，但填土在上部结构施工后完成时，应从天然地面标高算起。对于地下室，如采用箱形基础或筏基时，基础埋置深度自室外地面标高算起；当采用独立基础或条形基础时，应从室内地面标高算起。

【地基土抗震承载力调整系数】采用地震作用效应标准组合时，地基土抗震承载力应取地基承载力特征值乘以地基土抗震承载力调整系数计算。抗震承载力调整系数见表6-2。

【基底以下土的重度】用于计算承载力修正公式，地下水位以下取浮重度。

【基底以上土的加权平均重度】用于计算基础以上土的重度，地下水位以下取浮重度。

【基础宽度和深度地基承载力修正系数 η_b 和 η_d】见表 6-1。

【基床反力系数】见表 2-15。

【地梁重叠修正系数的折减系数】该系数设为 0 时不修正重叠，>0 时修正。

由于在纵横梁交叉点下的一块底面积被两个方向上的梁使用两次，使这部分底面积重复利用。而基础计算时一些有利因素已考虑，故对修正系数可适当折减，这里缺省折减系数为 0.5。

6.3.2 弹性地基梁设计

弹性地基梁布置

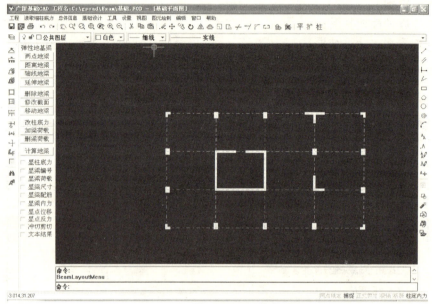

图6-13　弹性地基梁总体信息

布置弹性地基梁有【两点地梁】、【距离地梁】、【轴线地梁】和【延伸地梁】四种方式。点按弹出地基梁参数对话框见图 6-14。

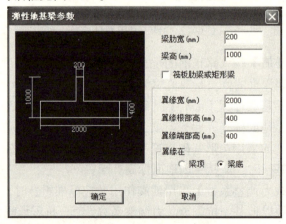

图6-14　弹性地基梁参数

对话框中各部位标注尺寸见图 6-15

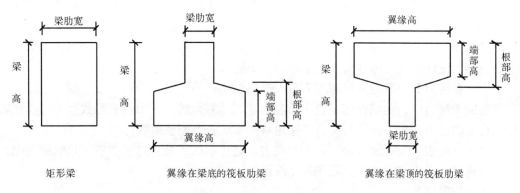

图6-15 地基梁标注尺寸

弹性地基梁的布置方式与录入系统梁布置方式相同。另外有【删除地梁】、【修改地梁】和【移动地梁】三种地梁的调整方式

布置弹性地基梁上荷载

点按【加梁荷载】，在命令行输入梁上的荷载标准值，荷载为均部线荷载，单位：kN/m，光标窗选需要加荷载的地梁。

计算弹性地基梁

点按【计算地梁】，程序自动计算所有地梁内力和配筋。

【显柱底力】见图 6-6。

【显梁编号】此编号对应文本结果中的梁编号，B12 为 12 号梁，可点按屏幕左边工具栏中"寻找构件"按钮，根据编号定位弹性地基梁的位置。

【显梁荷载】地梁上恒荷载值（kN/m）一般为梁上填充墙自重，取标准值，梁自重由程序自动计算。

【显梁尺寸】如 50100 为矩形梁截面，尺寸 500mm×1000mm；50100（20040）为⊥形或 T 形梁截面尺寸，梁肋宽 500mm,梁高 1000mm，翼缘宽 2000mm，翼缘根部高 400mm。单位为 cm。

【显梁配筋】

$$\frac{2-15-3}{9-0-11/3.1/10} \; (cm^2/m)$$

梁左—中—右截面面筋（cm^2）

梁左—中—右截面底筋（cm^2）/端部箍筋（$cm^2/0.1m$）/翼缘底部配筋

【显梁内力】

$$\frac{35/-75/30}{89/-40/70}$$
$$28/T10/25$$

左—中—右截面最小弯矩（kN·m）

左—中—右截面最大弯矩（kN·m）

左端剪力/T 最大扭矩（kN·m）/右端剪力（kN）

【显点位移】向下为正,单位 mm。

求最大位移时,地震作用组合下的位移除地基土抗震承载力调整系数后才与非地震作用组合下的位移比较,显示的位移已除地基抗震承载力调整系数。

显示红色表示反力超过修正后的承载力。若最大位移后出现第二个数值表示节点有向上的位移,设计应避免出现向上的位移即负摩阻力。

【显点反力】向下为正,向上为负,单位 kN/m^2。

求最大反力时,地震作用组合下的反力除以地基抗震承载力调整系数后才与非地震作用组合下的反力比较,显示的反力已除地基抗震承载力调整系数。

显示红色表示反力超过修正后的承载力。修正后的承载力显示在右下角的说明中,目前弹性地基梁未作宽度修正,只作深度修正。

【冲切剪切】

4.32/3.22

翼缘冲切比/翼缘剪切比

若数值小于 1 显示红色,说明不满足验算要求,需增加翼缘厚度,在文本计算结果中有验算过程。

6.3.3 弹性地基梁设计计算书

点按【计算地梁】后,程序自动计算所有地梁内力和配筋并生成文本形式的计算书,计算书包括弹性地基梁总体信息;弹性地基梁翼缘冲切和剪切计算结果;梁各截面内力;配筋计算结果,便于人工检查(图 6-17)。

6.3.4 弹性地基梁施工图绘制

计算通过后进入"弹性地基梁施工图绘制"菜单,点按【生成梁图】弹出图 6-16 梁钢筋控制对话框确认后,自动生成梁和翼缘边线、梁平法钢筋施工图,并自动归并梁钢筋和处理字符重叠。

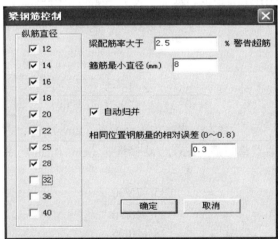

图6-16 梁钢筋控制对话框

【自动归并】可以设定归并参数后自动归并所有梁或自动归并所选择的梁,钢筋取大值。

【自调重叠】自动调整梁上重叠的钢筋字符,当自动处理不了时,采用移字符功能移动。
【强行归并】选择几何尺寸相同的梁进行强行归并,钢筋取大值。
【显梁裂缝】显示弹性地基梁的裂缝宽度。

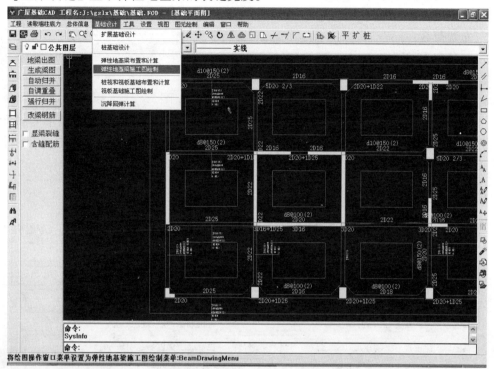

图6-17 弹性地基梁施工图绘制

$$\frac{0.23}{0.18/0.20}$$

$$\frac{\text{梁上部跨中裂缝宽度}}{\text{左支座裂缝宽度/右支座裂缝宽度}}$$

当显示红色时为警告,可通过修改该部位的纵筋调整裂缝宽度。
【含缝配筋】

$$\frac{0-13-0}{9-0-18/10}$$

$$\frac{\text{梁左—中—右截面面筋}(cm^2)}{\text{梁左—中—右截面底筋}(cm^2)/\text{端部箍筋}(cm^2/0.1m)}$$

显示红色为超筋,需修改梁截面尺寸。

6.4 桩筏和筏板基础设计

桩筏和筏板基础设计可以计算平板式筏基、梁式筏基、桩筏基础和梁桩筏基础。
桩筏基础设计流程:

1.【读取墙柱底力】；
2. 进入"桩筏和筏板基础布置和计算"
3. 填写筏板基础【总体信息】；
4. 确定筏板的边界；
5. 布置荷载；
6. 划分有限元网格；
7. 计算筏基；
8. 进入"筏板基础施工图绘制"生成弹性地基梁施工图。

进入【基础CAD】后，选择【读取墙柱底力】菜单，弹出对话框，选择读取GSSAP或SSW计算的上部结构墙柱底内力；选择【总体信息】菜单，弹出对话框，选择【桩筏和筏板基础总体信息】菜单。

6.4.1 桩筏和筏板基础总体信息

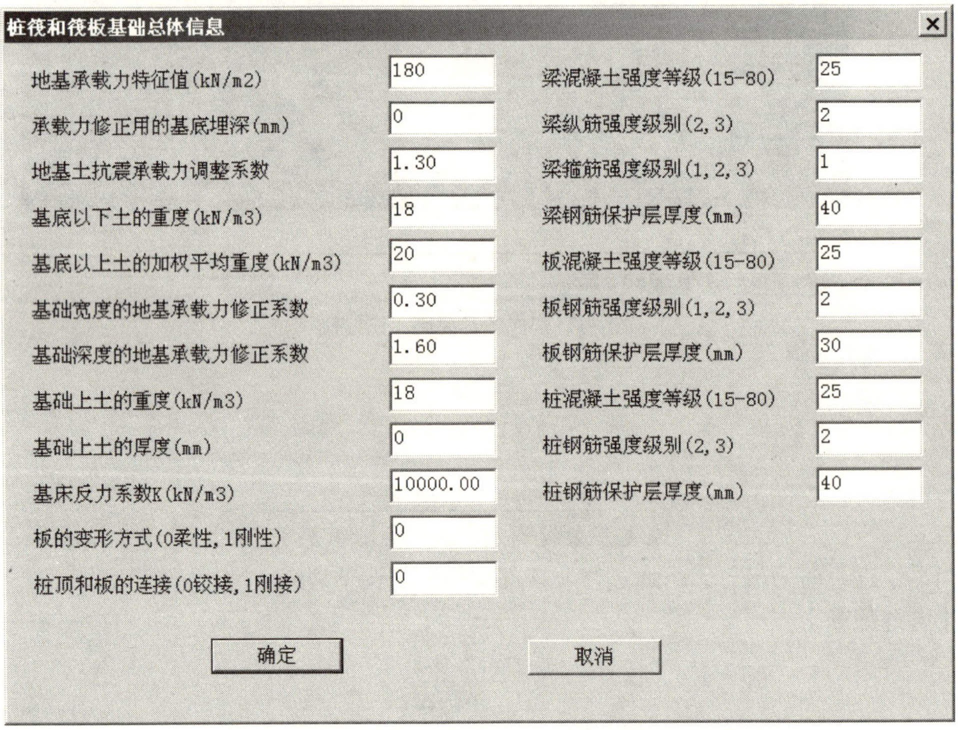

图6-18 桩筏和筏板基础总体信息

【板的变形方式（0柔性，1刚性）】0按弹性变形计算；1按刚性板变形计算，满足平面外无限刚要求。梁筏基础必须设为柔性板，否则计算不出梁内力。

【桩顶和板的连接（0铰接，1刚接）】按桩与板的连接构造情况确定计算简图。

【桩钢筋保护层厚度】桩主筋的混凝土保护层厚度不应小于35mm，水下灌注混凝土，不得小于50mm。

该总体信息中许多参数与弹性地基梁及桩基础总体信息参数相同，参数相同的这里再不重复，参照弹性地基梁与桩基础总体信息参数。

6.4.2 筏板和筏板基础设计

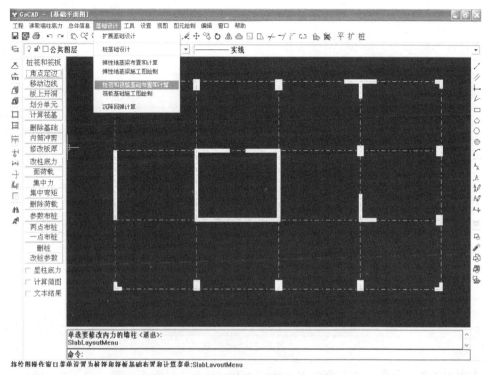

图6-19 桩筏和筏板基础设计

6.4.2.1 平板式筏板基础设计

【角点定边】根据所选角点和每边挑出长度确定边界线。

【板上开洞】选择角点，在板上开多边形洞口。

【划分单元】指定筏板，划分有限元网格，点取此命令，弹出划分单元参数对话框图 6-20。

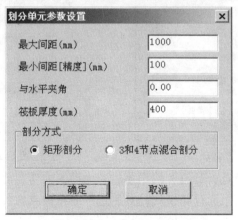

图6-20 划分单元参数设置

【最大间距】单元的最大边长。

【最小间距】用于矩形剖分的最小边长，程序不会划分出边长小于最小间距的单元。在柱中心点、桩中心点或梁端点可能没有与之对应的节点，这时柱中心点、桩中心点或者梁端点用最近的节点代替,并且在有限元计算时没有考虑这种情况的偏心;另外,梁两个端点可能对应同一个节点,程序在有限元计算时会出错,所以最小间距不能太小。

【与水平夹角】只用于矩形剖分,为划分后的4边形单元与X轴的夹角。

【筏板厚度】剖分后单元的缺省厚度。

【剖分方式】有两种方式选择,当一种自动剖分方法剖出的单元不理想时,可采用另一种剖分方法。

【面荷载】布置多边形面荷载,弹出图 6-21 对话框修改荷载值和选择工况。在计算时,板单元只要有 1 个角点在面荷载围成的区域内,面荷载值就被赋给板单元。面荷载包括了在该板上的使用荷载、填土重等。

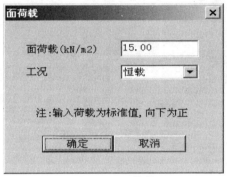

图6-21 面荷载

【集中力】布置集中力,弹出图 6-22 对话框修改荷载值和选择工况。在计算时,集中力就近赋给节点。集中力为非梁柱传来的其他荷载。

【集中弯矩】布置集中弯矩。弹出图 6-23 对话框修改荷载值和选择工况。在计算时,集中弯矩就近赋给节点。集中弯矩为非梁柱传来的其他外荷载。

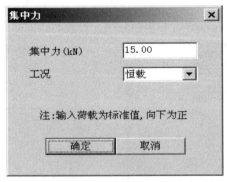 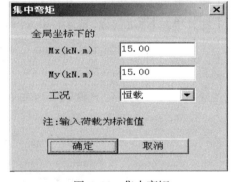

     图 6-23 集中弯矩

【内筒冲剪】选择角点,计算和输出多边形内筒的冲切和剪切文本文件。

【计算筏基】运行有限元计算模块计算所选择的筏板或承台。

【计算简图】弹出图 6-24 对话框:显示的配筋为计算配筋,没有考虑构造要求。

梁计算结果显示用于梁筏基础中的梁。包括下面五项:

【梁编号】此编号对应文本结果中的梁编号,B12 为 12 号梁,可点按屏幕左边工具栏中"寻找构件"按钮,根据编号定位梁的位置。

【梁荷载】恒荷载值(kN/m)一般梁上填充墙重等外加荷载,取标准值,梁自重由程序自动计算。

【梁尺寸】单位：cm，50100 为 500mm×1000mm 矩形梁截面尺寸，50100（20040）为⊥形或 T 形梁截面尺寸，梁肋宽 500mm，梁高 1000mm，翼缘宽 2000mm，翼缘根部高 400mm。

【显梁内力】

$$\frac{35/-75/30}{89/-40/70}$$
$$28/T10/25$$

梁左/中/右截面最小弯矩(kN·m)
梁左/中/右截面最大弯矩(kN·m)
梁左端剪力/T 最大扭矩(kN·m)/右端剪力(kN)

【梁配筋】

$$\frac{2-15-3}{9-0-11/3.1}$$

梁左—中—右截面面筋（cm²）
梁左—中—右截面底筋(cm²)/端部箍筋(cm²/0.1m)

板结点位移和内力：

【正最大挠度】为标准组合内力作用下的最大向下位移，求最大位移时，地震作用组合下位移除地基抗震承载力调整系数后才与非地震作用组合下的位移比较，显示的位移已除地基抗震承载力调整系数，显示红色表示反力超过修正后的承载力。

【负最大挠度】为标准组合内力作用下的最大向上位移，求最大位移时，地震作用组合下位移除地基抗震承载力调整系数后才与非地震作用组合下的位移比较，显示的位移已除地基抗震承载力调整系数。设计应避免出现向上的位移。

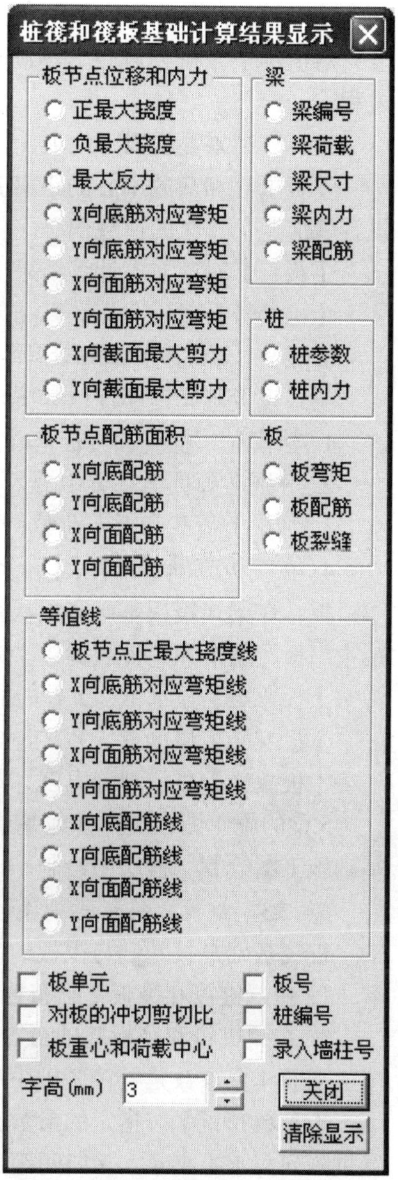

【最大反力】为标准组合内力作用下的最大反力，单位 kN/m²。求最大反力时，地震作用组合下的反力除地基抗震承载力调整系数后才与非地震作用组合下的反力比较，显示的反力已除地基抗震承载力调整系数，显示红色表示反力超过修正后的承载力，经宽度和深度修正后的承载力显示在右下角的说明中。

【内力】为基本组合作用下的内力，节点弯矩和剪力的方向由整体坐标的 X、Y 方向确定，弯矩单位为 kN·m/m，剪力单位为 kN/m。

【板节点配筋面积】对应基本组合内力作用下的配筋，单位为 cm²/m。

【桩参数】显示 C600 单桩竖向抗压承载力特征值，单位：kN；T300 单桩竖向抗拉承载力特征值，单位：kN；L15 桩长，单位 m；D500 桩径，单位 mm。

【桩内力】显示标准组合内力作用下的桩最大反力。

【板单元】显示板的计算单元网格。

图 6-23 桩筏和筏板基础计算结果显示

【对板的冲切剪切比】例如：4.32/3.22 表示：板冲切比/板剪切比。

数值小于 1 显示红色，不满足验算要求，需要增加板厚度，在文本计算结果中有验算过程。

桩计算结果显示以下两项，用于桩筏基础或桩梁筏式基础中的桩。

【板重心和荷载中心的距离】荷载为墙柱底恒、活荷载、设计者布置的恒、活荷载。设计者应避免过大的荷载偏心。

【板号】对应文本计算结果中冲切比和剪切比验算中的板号。

【桩编号】对应文本计算结果中桩对板冲切验算中的桩号。

6.4.2.2 梁式筏板基础设计

梁式筏板基础是弹性地基梁与筏板的结合，设计步骤：

1. 建模在"桩筏和筏板基础布置和计算"程序中输入筏板基础总体信息；
2. 分别在弹性地基梁中输入梁（选择筏板肋梁）和在筏板基础中布板；
3. 加梁上荷载和板上荷载；
4. 在筏板基础中计算，【计算简图】中的计算结果包含了筏板和梁的内力和配筋。

板：在梁式筏板基础和梁桩筏基础中，由梁围合的板可在【计算简图】中显示［板弯距］、［板配筋］和［板裂缝］。

【板弯矩】显示 X、Y 方向的最大和最小弯距，单位 kN·m。

【板配筋】显示 X、Y 方向的板底和板顶每米的配筋面积，单位 cm^2。

【板裂缝】显示裂缝宽度，单位 mm。

5. 梁的施工图在"弹性地基梁施工图绘制"程序中【生成梁图】，板的施工图在"筏板基础施工图绘制"程序中绘制。

6.4.2.3 桩筏式筏板基础设计

桩筏基础是桩基础与筏板的结合，设计步骤：

1. 在"桩筏和筏板基础布置和计算"中输入筏板基础总体信息。
2. 在"桩筏和筏板基础布置和计算"中布板、桩。

下面 4 个参数是桩筏基础中布桩参数。

【参数布桩】按指定的参数在边界线内布置群桩，弹出布桩参数对话框如图 6-25，设置桩阵列与水平夹角、X 向间距、Y 向间距。确定后指定布桩定位点布桩。

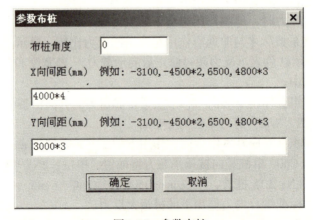

图6-25 参数布桩

【两点布桩】按指定的参数在一条直线上布桩，在命令行设置布桩数量和桩本身的参数，在平面图确定布桩的起点和终点布桩。布桩位置不包括起点和终点。

【一点布桩】在指定点上布桩。

3. 加板上荷载。

4. 在筏板基础中计算，【计算简图】中的计算结果中包含了桩的参数和内力。

【改桩参数】用于更改指定桩的参数(桩径、桩身长度和单桩承载力特征值)，弹出图6-26桩参数对话框修改后选桩，选中的桩更改为当前参数框内的参数。

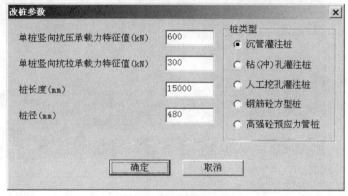

图6-26 改桩参数

6.4.2.4 梁桩筏基础设计

梁桩筏基础是桩基础、弹性地基梁和筏板基础的结合，设计步骤：

1）在"桩筏和筏板基础布置和计算"中输入筏板基础总体信息。

2）分别在"弹性地基梁布置和计算"中输入梁（选择筏板肋梁）和"桩筏和筏板基础布置和计算"中布板、桩。

3）加梁上荷载、板上荷载。

4）划分板单元，最后在筏板程序中计算，【计算简图】中的计算结果包含了筏板和梁的内力和配筋。

5）梁的施工图在"弹性地基梁施工图绘制"中【生成梁图】，板的施工图在"筏板基础施工图绘制"中绘制。

6.4.3 筏板和筏板基础设计计算书

点按【文本结果】自动生成文本形式的桩筏和筏板基础冲切计算结果、梁各截面计算结果、桩筏和筏板基础总体信息便于人工检查。

6.4.4 筏板基础施工图绘制

进入筏板基础施工图绘制菜单，显示界面如图 6-27。

【贯通板筋】同时布置板贯通面筋和底筋。

【两点面筋】只布置板面筋。

【两点底筋】只布置板底筋。

【一点底筋】只布置板底筋。输入负筋时上述输入可互相组合，d、D、f 和 F 后的数字为钢筋直径，@后的数字为钢筋间距，数字为：左伸出长度/右伸出长度，单位：mm。

当两边板厚不同时分别提示最小和最大配筋率。显示的负筋配筋率为贯通负筋和支座短筋之和。当不能自动找到支座时要求输入钢筋角度。

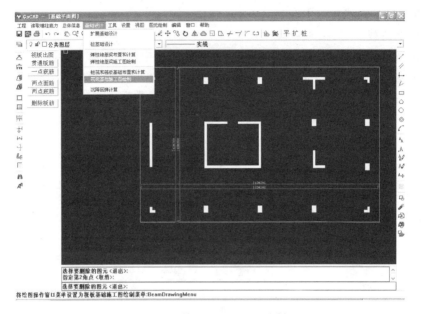

图6-27 筏板基础施工图绘制

练习与思考题

1. 基床反力系数如何确定？
2. 各种基础设计的区别？
3. 通过"改柱底力"修改自动生成的柱底内力，问"柱底力"显示的内力是设计值还是标准值？

综合练习

一、西安某 5 层行政办公楼,平面见图综-1~图综-4。层高:1 层 3.6m,二~五层为 3.3m,不上人屋面。抗震设防烈度为 8 度,设计地震分组为第一组,基本风压:0.35kN/m²,雪荷载 0.3kN/m²,场地土类别Ⅱ类,地面粗糙度 B,丙类建筑。

设计要求:

1. 自拟结构方案:确定杆件截面尺寸;确定板、梁、墙柱荷载;总体信息取值。
2. 进行数据检查:并对原结构方案进行调整直到数检通过。
3. 进行楼板计算:确定各板的边界条件;对天面采用指定屋面板。
4. 查看计算结果,对计算结果进行分析,并对原方案进行调整,使其满足规范的要求。
5. 配筋计算,出结构施工图。

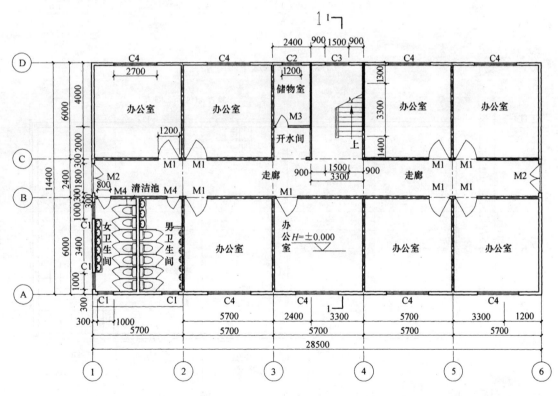

图综-1 首层平面图

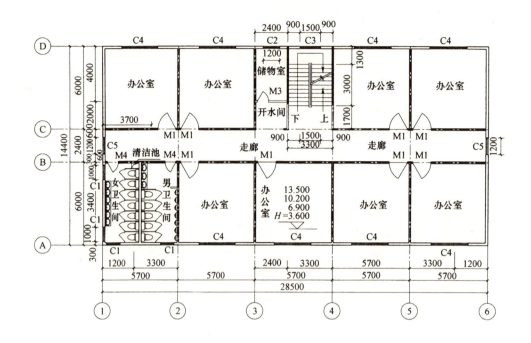

图综-2 标准层平面图

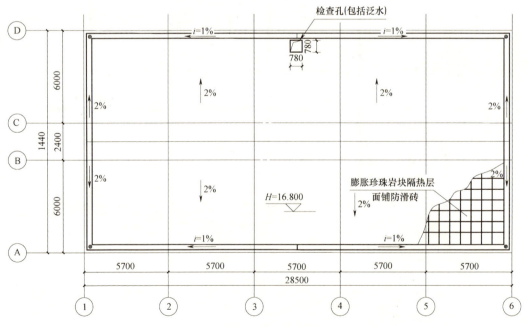

图综-3 顶层平面图

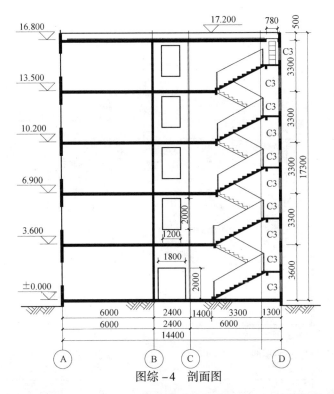

图综-4 剖面图

二、某商用写字楼共14层,地下一层用于设备层,地上一层是大堂和商业用房,二、三、四层为健身、娱乐和餐饮,五~十四层为商用写字楼,顶部为电梯机房。一~四层层高为4.8m,五~十四层层高为3.6m。见图综-5~图综-10。本设计抗震设防烈度为8度,设计基本地震加速度值为0.20g,设计地震分组第一组,场地土类别为Ⅱ类,基本风压:0.5kN/m²,地面粗糙度:B。丙类建筑。

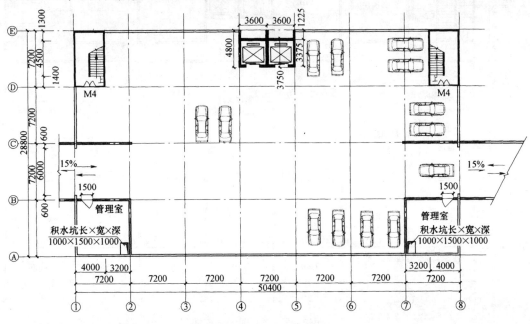

图综-5 地下室平面图

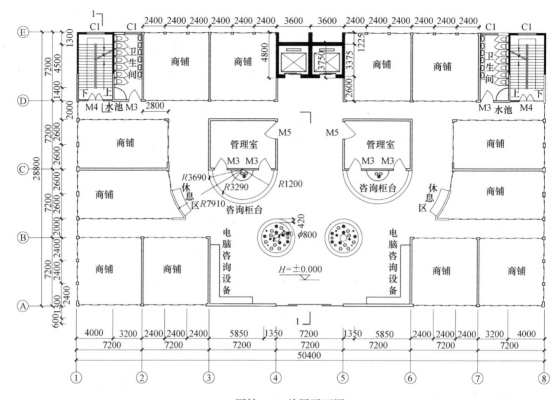

图综-6 首层平面图

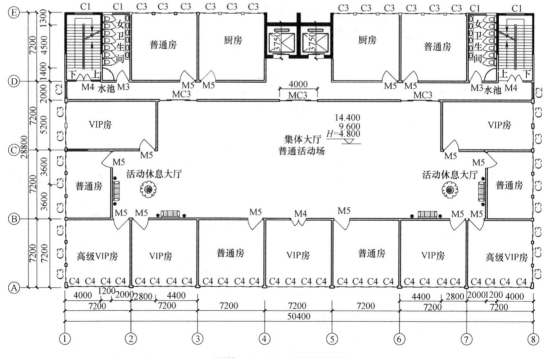

图综-7 二~四层平面图

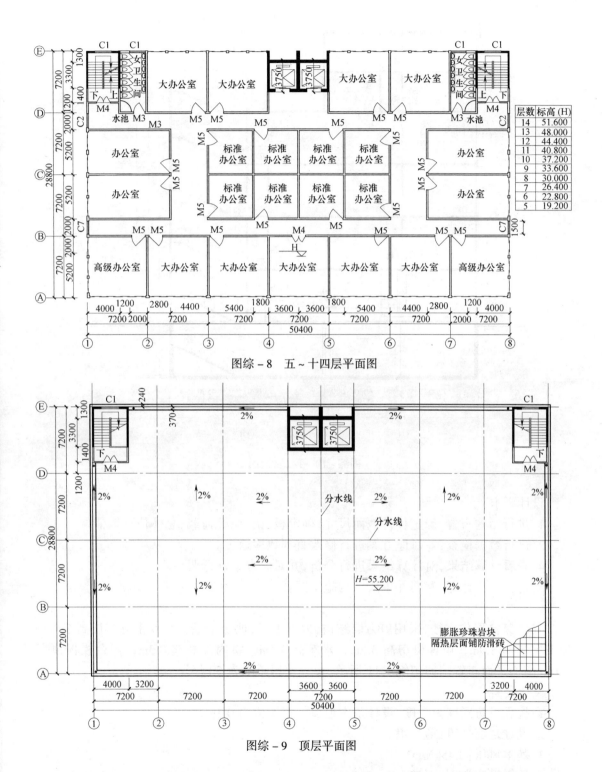

图综-8 五～十四层平面图

图综-9 顶层平面图

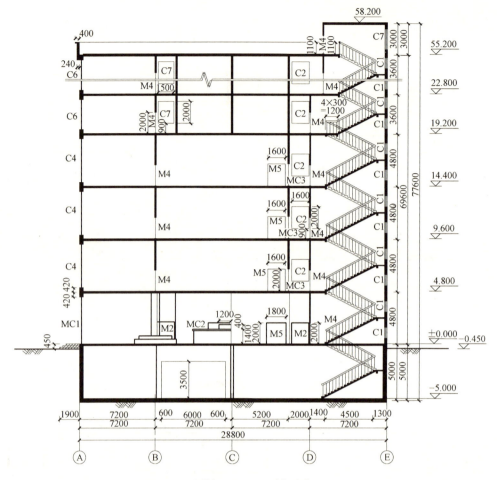

图综-10 1-1剖面图

设计要求:

1. 进行结构布置,确定杆件截面尺寸;确定板、梁、墙柱荷载;总体信息取值。
2. 进行数据检查;并对原方案进行修改直到数检通过。
4. 查看计算结果,对计算结果进行分析,并对原方案进行调整。
5. 进行结构计算、配筋并生成结构施工图。

三、某高层住宅楼,采用剪力墙结构,地下1层,地上15层,一~十五层层高3.0m,地下室层高3.9m,电梯机房高3.2m,水箱高3.1m,室内外高差0.3m,阳台栏板顶高1.1m,结构平面布置图如图综-11所示,设计使用年限为50年。

设计资料:

1. 抗震设防烈度为7度,设计基本地震加速度值为0.1g。
2. 设计地震分组:第一组。
3. 基本风压:$0.45kN/m^2$。
4. 抗震设防类别:丙类。
5. 场地类别:Ⅱ类。

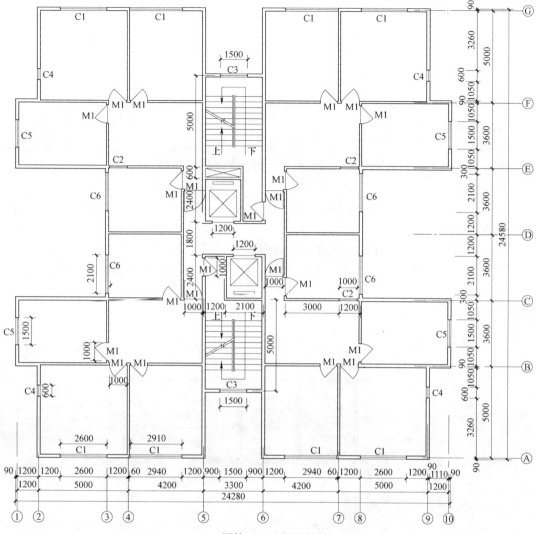

图综-11 平面图

6. 地面粗糙度类别为 C 类。

7. 轻质隔墙厚:120mm,按 1.2kN/m² 计算。

8. 楼面做法:楼板厚 120mm,地下室顶板厚 250mm,底板厚 400mm,各板顶做 20mm 厚水泥砂浆找平,地面装修重(标准值)按 0.8kN/m² 考虑,各板底粉 15mm 厚石灰砂浆。

9. 屋顶:上人屋面,防水层为二毡三油加 40mm 厚细石混凝土面层(内布细丝网),面层装修做法同楼面。

设计要求:

1. 自拟结构方案;确定杆件截面尺寸;确定板、梁、墙柱荷载;总体信息取值。
2. 进行数据检查:并对原方案进行修改直到数检通过。
3. 进行楼板计算:确定各板的边界条件;对天面采用指定屋面板。
4. 查看计算结果,对计算结果进行分析,并对原方案进行调整,使其满足规范要求。
5. 对结构进行计算、配筋并生成结构施工图。
6. 进行基础设计。

四、某建筑为 15 层的写字楼建筑,地下一层和地上一层的层高为 5m,其余各层的层高为 3.4m;平面和剖面分别如图综-12~图综-14 所示。

设计条件为:

1. 楼面活荷载标准 3.5kN/m²,屋面活荷载标准值 2.0kN/m²。
2. 基本风压 0.75kN/m²,地面粗糙度类别为 B 类。
3. 基本雪压 0.45kN/m²。
4. 场地类别:Ⅱ类;抗震设防:设计使用年限 50 年,设防烈度 7 度(设计基本地震加速度为 0.15g),结构安全等级为二级,Ⅱ类土地,设计分组为第一组。

设计要求:

1. 自拟结构方案;确定杆件截面尺寸;确定板、梁、墙柱荷载;总体信息取值(结构按嵌固端在 ±0.000 处计算)。
2. 进行数据检查:并对原方案进行修改直到数检通过。
3. 查看计算结果,对计算结果进行分析,并对原方案进行调整,使其满足规范的要求。
4. 对结构进行计算、配筋、生成结构施工图。

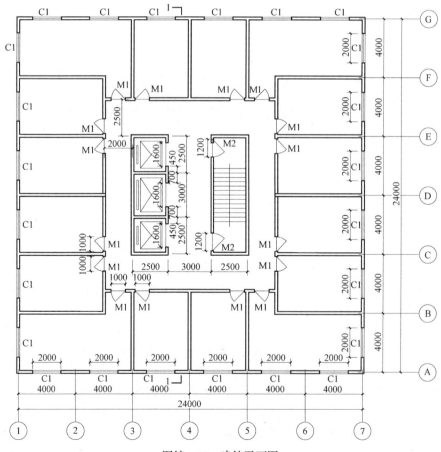

图综-12 建筑平面图

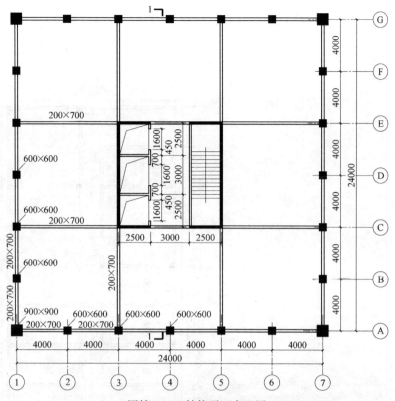

图综-13 结构平面布置图

五、某五层酒店,建筑平面布置见图综-15~图综-18,为丙类建筑。层高3.3m,顶层梯间层高2.8m,场地土类别为Ⅱ类,基本风压为$0.5kN/m^2$,地面粗糙度为B类,抗震烈度为7.5度,地震分组为3组,内外维护墙厚190mm,采用加气混凝土砌块(加气混凝土砌块容重$8.5kN/m^3$)。

要求:1. 设计结构方案;确定杆件截面尺寸;确定板、梁、墙柱荷载;总体信息取值。

2. 查看计算结果,对计算结果进行分析,并对原方案进行调整,使其满足规范要求。

3. 对结构进行计算、配筋并生成结构施工图。

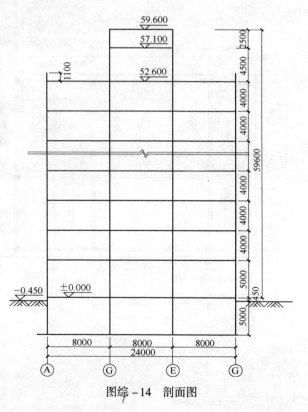

图综-14 剖面图

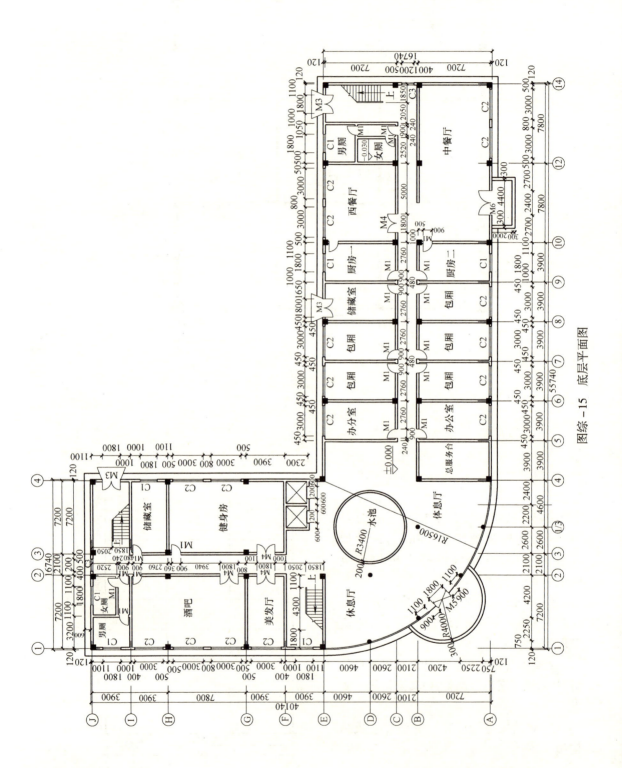

图综-15 底层平面图

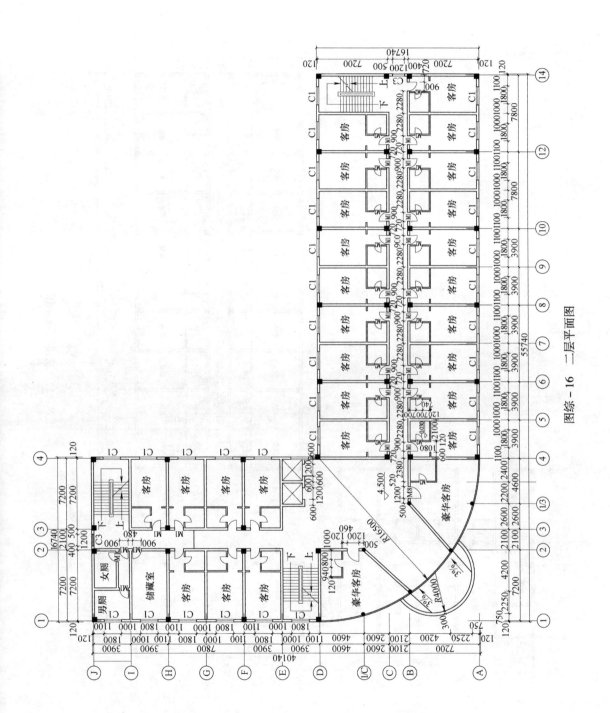

图综-16 二层平面图

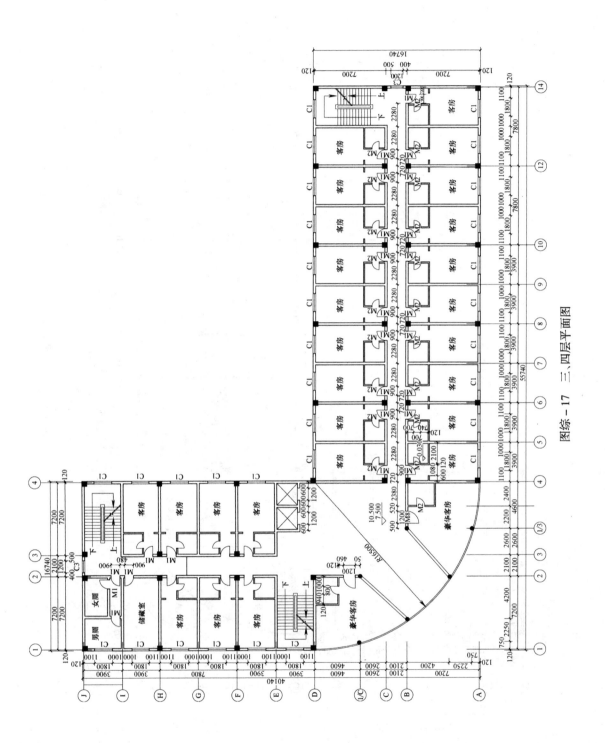

图综-17 三、四层平面图

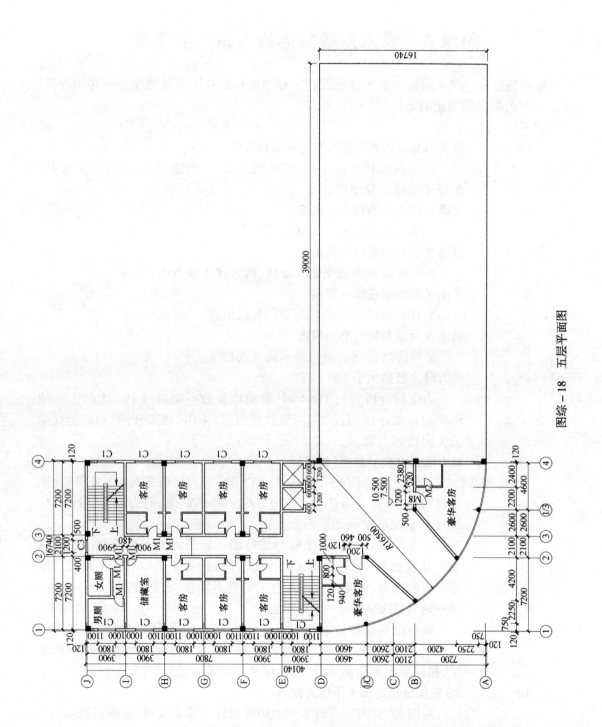

图综-18 五层平面图

附录A 录入系统数据检查错误信息表

错误码后有一个＊号的为警告性错误,工程师可根据具体情况判断是否必须改正,没有＊号的是必须改正的错误。

错误码　说明

1＊　**板 X 有自由边界不能按双向和面积导荷**
　　若用双向和面积导荷,则导到虚梁(自由边界)上的荷载将遗漏,最好采用周长分配法。

4　**主梁 X 端点无墙柱内点相连**
　　主梁两端必须输入墙柱。

5　**砖墙 X 无剪力墙柱内点相连**
　　X 号砖墙两端必须输入虚柱、构造柱或剪力墙。

6　**主梁 X 两端搭在同一节点**
　　X 号主梁两端必须与两不同节点相连。

7　**砖墙 X 两端与同一节点相连**
　　X 号砖墙两端必须与两不同节点相连。

6＊　**剪力墙 X 肢数大于 19**
　　当空间分析采用 TBSA 时,剪力墙肢数不能超过 19,当采用 SS 或 SSW 时肢数不能超过 29,当肢数超限时,采用"连梁开洞"功能把此墙分为两堵剪力墙。

7＊　**剪力墙 X 非树状连接(封闭)**
　　空间分析采用 SS、TBSA 和 TAT 时,剪力墙必须开口,采用"连梁开洞"把封闭剪力墙开口。空间分析采用 SSW 时,剪力墙可以封闭。

8＊　**剪力墙 X 内点 Y 与墙端距离太远**
　　X 号剪力墙 Y 内点坐标与墙肢端坐标距离大于半墙宽,在"生成 SSW 计算数据"中剖分墙元时可能会出错,由移动墙肢距离超过半墙宽产生此情况,删除与此内点有关的剪力墙肢,重新输入。

9　**每一砖混平面须分为一个标准层**
　　每一结构层的砖混抗震等验算结果都不同,而"楼板次梁砖混计算"中按标准层中计算,所以每一个砖混平面都要求划分为不同标准层,相同砖混平面请采用"当前标准层同哪一层"功能跨层拷贝。

10＊　**SS 空间分析时梁 1 不能为铰接**
　　采用 SS 空间分析时 1 号梁边界条件不能为铰接,请取消铰接。

11　**TBSA 总体信息中振型数不应大于框架总层数**
　　采用 TBSA 空间分析并考虑地震作用时,要求振型数小于等于框架总层数。

12　　**TAT 总体信息中振型数不应大于框架总层数**
　　　　采用 TAT 空间分析并考虑地震作用时,要求振型数小于等于框架总层数。

13　　**虚柱 X 无构件水平相连**
　　　　多余的虚柱,须删除。若此虚柱是"生成 SS/TBSA/TAT/SSW 计算数据"时梁上托墙柱找下节点自动产生,则删除此虚柱后,在托梁上输入一虚柱,再把输入的虚柱移到被删除虚柱的坐标附近,这样被托的墙柱找下节点时可找到此点。

14*　　**剪力墙柱 X 无主梁水平相连**
　　　　当此剪力墙柱每一结构层都出现此警告时,空间分析时由剪力墙柱和主梁形成的框架中,此剪力墙柱为不稳定构件,而只是某一结构层出现这警告是允许的。

15*　　**混凝土墙柱 X 无构件水平相连**
　　　　砖混平面中构造的混凝土墙柱无次梁和砖墙相连。

16　　**砖混平面中不应有主梁 X**
　　　　砖混平面中所有的梁都应作为次梁输入,将来按连续次梁来计算,也有可能工程师认为当前标准层为框架平面,而划分标准层时错划分为砖混平面,也会产生此警告,请检查标准层划分。

17　　**框架平面中不应有砖墙**
　　　　框架平面中的填充砖墙都作为荷载输入,在底框结构平面中若采用砖墙作为抗震墙,必须按混凝土剪力墙输入,工程另外根据广厦楼板次梁砖混计算中的总剪力来手工计算抗震墙的数目;也有可能工程师认为当前标准层为砖混平面,而划分标准层时错划分为框架平面,也会产生此警告,请检查标准层划分。

18*　　**梁 X 跨长小于 Y**
　　　　X 号梁梁长比较小,由工程师判定是否输入有误。

19*　　**剪力墙 X 与梁 Y 可能相交**
　　　　必须先输剪力墙,再输入梁。梁墙相交不分段,可能会影响板的自动生成,把梁删除,重新输入。

20*　　**剪力墙 X 与砖墙 Y 可能相交**
　　　　必须先输入剪力墙,再输入砖墙,剪力墙和砖墙相交不分段,可能会影响板的自动生成,把砖墙删除,重新输入。

21*　　**梁(砖墙)X 与梁(砖墙)Y 相交**
　　　　相交不分段,可能会影响板的自动生成,删除梁(砖墙),重新输入。

22*　　**剪力墙 X 和剪力墙 Y 相交**
　　　　两剪力墙墙肢相交,输入方法是:输入一段剪力墙墙肢后,另一剪力墙墙肢须分两段输入,在它们相交点处断开。

23*	梁 X 与剪力墙 Y 重叠	
	删除梁,重新输入。	
24*	砖墙 X 与剪力墙 Y 重叠	
	删除砖墙,重新输入。	
25*	柱 X 与柱 Y 可能重叠	
26*	剪力墙 X 第 Y 肢与剪力墙 Z 可能重叠	
27	次梁 X 悬空	
	悬臂次梁端点悬空,则可输入一虚柱,如下情况三条次梁级别一样,导荷次序从 L1 到 L2 或 L3 到 L2 时,L2 荷载无处可导,会出现此警告,可简化成一条次梁进行计算。	

图附-1

28	次梁 X 搭在同一节点	
	删除此次梁,次梁两端必须同不同节点相连。	
29	剪力墙、梁或砖墙 X 穿过其他节点	
	删除重新输入。	
30	次梁 X 搭在虚梁上	
	不允许非虚梁的次梁搭在虚梁上。	
31*	第 X 标准层未生成楼板	
	提示楼板是否忘记输入。若地梁层作为无板平面层输入时,可不处理此警告。	
32	第 X 标准层柱链为空	
	没有输入剪力墙柱。	
33	第 X 标准层梁链为空	
	一个标准层必须有梁或砖墙。	
34	第 X 标准层第 Y 号板无荷载	
	板上必须输入板荷载。	
35	第 X 标准层第 Y 号梁两端悬空	
	如下图三条次梁级别一样,请简化成一条次梁。	
36*	第 X 标准层第 Y 号梁为虚梁	
	提醒有无输错梁宽为零。	
37*	第 X 结构层第 Y 号柱,TBSA 没有异形柱	
	提醒 TBSA 没有异形柱配筋计算,只是按等刚度计算内力。	
38	第 X 标准层第 Y 斜柱是跨层柱	
	斜柱找不到下节点,检查下面有无柱支托。	
39	第 X 标准层第 Y 柱下端无节点	

柱下端无节点对应,检查前层有无节点对应。

40   第 X 标准层第 Y 斜柱下层层号错

按设定的下层号,则下层层高大于等于斜柱上层层高。

41   第 X 标准层第 Y 斜柱下端无节点

42   第 X 标准层第 Y 柱是跨层柱

43*   第 X 标准层第 Y 柱下端在 0 层

在错层结构中,有些柱下端在第 0 层上。

44   第 X 标准层第 Y 斜柱上端无节点

45   第 X 标准层第 Y 砖墙下端无支撑

所支撑构件的中心线应在 Y 砖墙范围内。

混合结构平面中(除混合结构平面顶层外)梁托砖墙时,梁简化为主次梁布置,若直接布置砖墙在"生成砖混数据"时会警告"砖墙下端无支撑",混合结构内部形成复杂的框支结构类型,此时应进行进一步的模型简化,有三种处理:(1)把砖墙所在的结构平面简化为纯砖混平面;(2)把一个结构分成上下两个结构类型处理,根据上一结构计算结果,作为梁柱荷载布置在下一结构顶层,以解决上下传力问题;(3)把砖墙简化为荷载。

46   悬臂梁 X 不能指定铰接

47   板 X 周边不能都为虚梁

48   砖墙 X 洞口位置在墙外

49   砖墙 X 洞口长度大于等于墙的长度

50   次梁 X 梁高大于所搭接梁的梁高

51   混合结构中主梁%d 端须布置矩形柱

次梁可直接搭在砖墙上,主梁直接搭载砖墙上此梁和所搭砖墙的计算将不准确。

52*   SS 空间分析时梁 1 地震内力不能增大

采用 SS 空间分析时 1 号梁地震内力不能增大,请采用"主菜单—平面图形编辑—梁编辑—按钮窗口—修改梁—内力增大"把 1 号梁设置为 1.0。

53   砖混结构总层数不能超过 10 层

纯砖混、底框和砖混凝土混合结构中广厦结构 CAD 内定不能超过 10 层,超过部分请作相应的模型简化。

54*   梁 X 高大于层高

提示梁高大于当前标准层中所有结构层的最小层高。

55*   SSW 总信息中重复考虑活载不利布置和梁跨中弯矩增大系数

考虑活载不利布置和梁跨中弯矩增大系数两参数都是用来处理活载不利布置的情况,不必重复设置。

56   第 X 标准层第 X 板,所选计算软件只能加 Z 向板荷

要修改板的荷载方向。

57	第 X 标准层第 X 板,所选计算软件只能导面均布力
	要修改板的荷载类型。
58	第 X 标准层第 X 梁,所选计算软件不能导均布和集中弯矩
	只有选择 GSSAP 计算才能导均布和集中弯矩。
59	第 X 标准层第 X 梁,所选计算软件只能导 Z 向荷载
	要修改梁的荷载方向。
60	第 X 层第 X 梁,梁长小于 0.001m
61	第 X 层层刚板数大于 500
	风荷载导算时,楼层刚板数过多。
62	第 X 层第 X 柱,SS 软件计算时只能导均布、集中荷载
63	第 X 层第 X 梁,SSW 软件计算时只能加 Z 向梁荷
64	第 X 层第 X 梁,SSW 软件计算时只能加恒活梁荷
65	第 X 层第 X 柱,SSW 软件计算时只能加恒活柱荷
66	板 X 第 X 边的边界点顺序乱
	删除此板,局部重新生成。
67*	梁 X 在 GSSAP 全楼无限刚时计算单元采用了 H 向壳
	GSSAP 总信息中全楼无限刚时约束了采用 H 向壳的梁跨中水平变形,对梁的竖向力计算结果影响较大,此模型简化若与实际模型不符,请采用实际模型计算。
68	板 X 为斜板在 GSSAP 总信息中不能采用全楼无限刚
	GSSAP 总信息中应采用实际模型来计算斜板。
69	板 X 角点不在同一面内,重新改板标高
	重新改板标高。
70	塔块 X 应有墙柱,否则删除该塔块
	塔块如没有墙柱,GSSAP 计算结果统计时会警告错误,须删除该塔块。

附录 B 主要的全命令和简化命令名

简化命令名	全命令名	功能介绍
U	Undo	Undo10 步撤销,返回至上一次操作内容
R	Redo	Redo10 步重做,恢复上一次放弃
Z	Zoom	显示控制
ZA	ZoomA	显示全图
P	Pan	实时平移
Pr	PreView	打印预览
ZD	ZoomD	实时缩放
W	ZoomW	窗选放大
ZP	ZoomP	先前视图
X2	ZoomX2	缩小一些
X1	ZoomX1	放大一些
E	Erase	删除
Ro	Rotate	旋转
Mi	Mirror	镜像复制对象
M	Move	移动
C	Copy	复制对象
O	Offset	偏移
St	Stretch	拉伸
T	Trim	裁剪
Ex	Extend	延伸
Br	Break	打断
Ch	Chamfer	倒角
Fi	Fillet	圆角
Sc	Scale	放大对象
NN	NextStdLayer	切换到后一标准层
PP	PreStdLayer	切换到前一标准层
L	Line	两点直线
DL	DistLine	根据离端点的距离绘制直线
PL	Parallel	绘制平行直线
Ra	Radial	绘制辐射状直线
Re	Rect	绘制矩形闭合直线
Ci	Circle	绘制同心圆
A	Arc	绘制圆弧
S	Save	保存此文件

续表

简化命令名	全命令名	功能介绍
DWG	DwgOut	当前图形生成 dwg 图形输出
SS	SSOut	生成 ss 计算数据
SSW	SSWOut	生成 ssw 计算数据
Ba	BaseOut	生成基础数据
F	Find	寻找构件
ZJ	Zjgrid	布置正交轴网
YH	Yhgrid	布置圆弧轴网
DeM	DelGrid	删除已建轴网
AL	AddGridLine	在轴网上增加轴网线
ML	MoveGridLine	在轴网上移动轴网线
DeL	DelGridLine	在轴网上删除轴网线
DeG	DelGraph	删除图元
De	De	选择性删除
AD	AxisDim	为轴线定义轴号
AN	AxisNum	编辑轴号
MS	MarkSpacing	标注轴线间的距离
Dt	Dist	测量两点/构件之间的距离
CR	Col	任意/拾取一点布置柱
PC	PointCol	轴线/辅助线/构件的交点/端点/节点上布置柱
WR	Wall	布置任意两点间的剪力墙
EW	LineWall	拾取轴线段布置剪力墙
DW	DistWall	根据离轴线/辅助线/构件端点的距离布置剪力墙
SW	StretchWall	延伸剪力墙的长
AW	ArcWall	布置圆弧力墙
BH	BeamHole	将剪力墙一分为二，两端用连梁相连
Nd	Node	布置虚柱
LX	Lcol	布置 L 形异形柱
TX	Tcol	布置 T 形异形柱
XX	Xcol	布置十形异形柱
CLC	ClinoCol	输入两点布置斜柱
DistCol	DistCol	根据距离布置斜柱
DeC	DelCol	删除墙柱
CC	ModCol	修改柱截面尺寸
WW	ModWall	修改剪力墙厚度
Cmm	ColModMenu	切换到墙/柱编辑的下一级菜单
Le	Left	确定剪力墙/柱/砖墙的左边线和轴线的距离
Ri	Right	确定剪力墙/柱/砖墙的右边线和轴线的距离

续表

简化命令名	全命令名	功 能 介 绍
Up	Up	确定剪力墙/柱/砖墙的上边线和轴线的距离
Do	Down	确定剪力墙/柱/砖墙的下边线和轴线的距离
Ju	Just	剪力墙/柱/梁/砖墙按某构件边对齐或中对齐
MC	MoveCol	移动剪力墙/柱
MX	ModLTX	修改异形柱截面尺寸
WC	SwitchWallCol	L、T和+异形柱在剪力墙/柱间的切换
WH	WallHole	在剪力墙上布置洞口
DeWH	DelWallHole	删除剪力墙上洞口
CE	ModColEq	修改剪力墙/柱抗震等级
MCH	ModColH	修改剪力墙/柱相对本层的标高
BR	Beam	拾取两点布置主梁
LB	LineBeam	拾取轴线段布置主梁
DB	DistBeam	按梁/剪力墙/柱/砖墙的左右端定位布置主梁
AB	ArcBeam	布置圆弧主梁
SB	Subbeam	拾取两点布置次梁
ES	LineSubbeam	拾取轴线段布置次梁
DS	DistSubbeam	按梁/剪力墙/柱/砖墙的左右端定位布置次梁
AS	ArcSubbeam	布置圆弧次梁
CT	Cantilever	布置悬臂主/次梁
DeB	DelBeam	删除主/次梁
CN	ClearNode	清理虚柱
BB	ModBeam	修改主/次梁截面尺寸
MBH	ModBeamH	修改主/次梁相对本层的标高
MB	MoveBeam	移动主/次梁
BMM	BeamModMenu	切换到梁编辑的下一级菜单
AC	AsignCant	指定/取消悬臂梁的定义
Hi	Hinge	指定/取消梁端的铰接
MF	MagForce	指定框支梁的内力增大系数
BEQ	ModBeamEq	修改主梁抗震等级
SS	ModSlab	修改板厚度
SH	ModSlabH	修改板标高
SR	Slab	布置现浇板
PS	PreSlab	布置预制板
DeS	DelSlab	删除现浇/预制板
Sa	SameLoad	本标准层所有板按设定的荷载值和导荷模式加载
SD	ModSlabLoad	修改现浇/预制板荷载
AddSlabLoad	AddSlabLoad	布置各工况板荷载

续表

简化命令名	全命令名	功能介绍
DelSlabLoad	DelSlabLoad	删除板上所有荷载
SD1	SlabLoad1	按双向板方式导荷载
SD2	SlabLoad2	按单向板长边方式导荷载
SD3	SlabLoad3	按单向板短边方式导荷载
SD4	SlabLoad4	按面积分配法导荷载
SD5	SlabLoad5	按周长分配法导荷载
BD	AddBeamLoad	布置梁荷载
DeBD	DelBeamLoad	删除梁荷载
MBD	ModBeamLoad	修改梁荷载
BD1	BeamLoad1	当前荷载为梁上均布恒载
BD2	BeamLoad2	当前荷载为梁上集中恒载
BD3	BeamLoad3	当前荷载为梁上分布恒载
BD4	BeamLoad4	当前荷载为梁上均布活载
BD5	BeamLoad5	当前荷载为梁上集中活载
BD6	BeamLoad6	当前荷载为梁上分布活载
CD	AddColLoad	布置墙/柱荷载
DeCD	DelColLoad	删除墙/柱荷载
CD1	ColLoad1	当前荷载为墙/柱均布恒载
CD2	ColLoad2	当前荷载为墙/柱集中恒载
CD3	ColLoad3	当前荷载为墙/柱集中弯矩
CD4	ColLoad4	当前荷载为墙/柱均布活载
CD5	ColLoad5	当前荷载为墙/柱集中活载
KR	Brick	按两定点布置砖墙
LK	LineBrick	按轴线布置砖墙
DK	DistBrick	距离砖墙
SK	StretchBrick	按延伸方式布置砖墙
DeK	DelBrick	删除砖墙
KH	BrickHole	砖墙上开洞口
DeKH	DelBrickHole	删除砖墙上洞口
G	Gird	指定/取消圈梁
KK	ModBrick	修改砖墙厚度
CT	ColMat	指定构造柱材料
KD	AddBrickLoad	布置砖墙荷载
DeKD	DelBrickLoad	删除砖墙荷载
KD1	BrickLoad1	当前荷载为砖墙均布恒载
KD2	BrickLoad2	当前荷载为砖墙集中恒载
KD3	BrickLoad3	当前荷载为砖墙分布恒载

续表

简化命令名	全命令名	功能介绍
KD4	BrickLoad4	当前荷载为砖墙均布活载
KD5	BrickLoad5	当前荷载为砖墙集中活载
KD6	BrickLoad6	当前荷载为砖墙分布活载
Bm	Beammenu	切换到梁几何编辑菜单
Sm	Slabmenu	切换到板几何编辑菜单
Cm	Colmenu	切换到墙柱几何编辑菜单
Km	Brickmenu	切换到砖混几何编辑菜单
Sdm	SlabLDmenu	切换到板荷载编辑菜单
Bdm	BeamLDmenu	切换到梁荷载编辑菜单
Cdm	ColLDmenu	切换到墙柱荷载编辑菜单
Lc	LayerCopy	复制某标准层数据至当前标准层
mm	gridmenu	切换到轴线编辑菜单
Chk	Check	进行数据检查
TS	CharSize	设定字高缩放比例
GR	Grid	修改格栅间距
Ucs	Ucs	定义局部坐标系
DeU	DelUcs	删除局部坐标系
Sys	SysInfoSet	系统信息设置
Os	OsnapSet	捕捉点设置
Li	Limits	图形界限设置
Po	Polar	极轴追踪
Property	Property	弹出对话框显示或修改图元或构件属性
AddCrane	AddCrane	布置吊车
DelCrane	DelCrane	删除吊车
ChangeWallDir	ChangeWallDir	切换墙的局部坐标方向

参考文献

[1]《混凝土结构设计规范》GB 50010—2010.北京:中国建筑工业出版社,2010.

[2]《高层建筑混凝土结构技术规程》JGJ 3—2002,J 186—2010.北京:中国建筑工业出版社,2010.

[3]《建筑抗震设计规范》GB 50011—2010.北京:中国建筑工业出版社,2010.

[4]《建筑桩基技术规范》JGJ 94—2008.北京:中国建筑工业出版社,2008.

[5]《建筑地基基础设计规范》GB 50007—2002.北京:中国建筑工业出版社,2002.

[6]《建筑结构荷载规范》GB 50009—2001.北京:中国建筑工业出版社,2006.

[7] 建筑结构通用分析与设计软件 GSSAP 说明书,广东省建筑设计研究院,深圳市广厦软件有限公司,2011.

[8] 广厦建筑结构 CAD 系统说明书.广东省建筑设计研究院,深圳市广厦软件有限公司,2011.

[9] 广厦建筑结构 CAD 系统基础说明书.广东省建筑设计研究院,深圳市广厦软件有限公司,2011.

[10] 沈蒲生.高层建筑结构设计例题.北京:中国建筑工业出版社,2004.

[11] 池家祥,傅光耀,孙香红.土木工程计算机辅助设计.北京:清华大学出版社,2006.